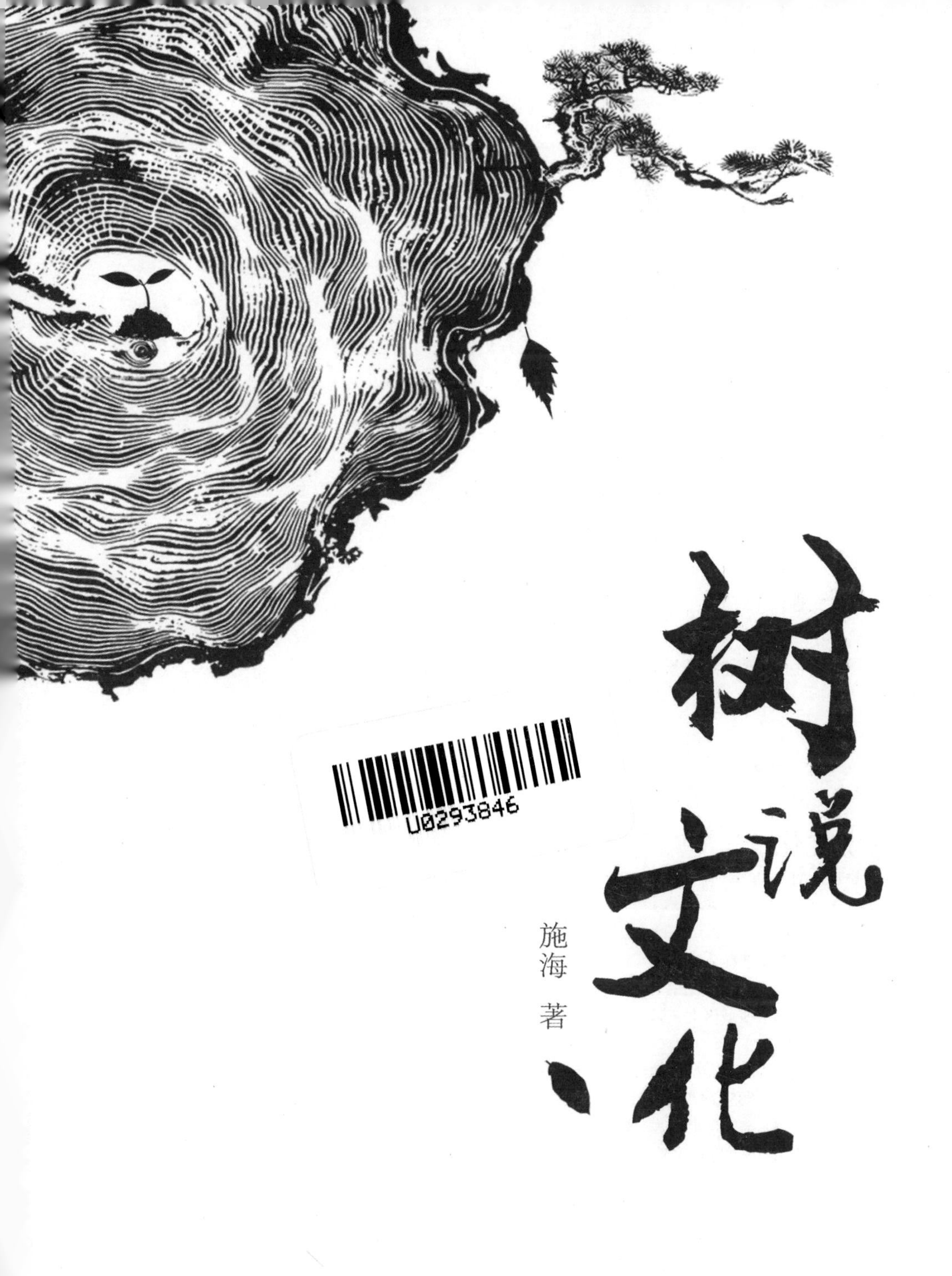

树说文化

施海 著

北京工艺美术出版社

图书在版编目（CIP）数据

树说文化 / 施海著. -- 北京 ：北京工艺美术出版社，2023.10

ISBN 978-7-5140-2680-1

Ⅰ. ①树… Ⅱ. ①施… Ⅲ. ①树木－植物保护 Ⅳ. ①S76

中国国家版本馆CIP数据核字(2023)第124008号

出 版 人：陈高潮　　装帧设计：赵明宇

责任编辑：周　晖　　责任印制：王　卓

法律顾问：北京恒理律师事务所　丁　玲　张馨瑜

树说文化

SHU SHUO WENHUA

施海　著

出　　版　北京工艺美术出版社

发　　行　北京美联京工图书有限公司

地　　址　北京市西城区北三环中路 6 号　京版大厦 B 座 702 室

邮　　编　100120

电　　话　(010) 58572763（总编室）

　　　　　(010) 58572878（编辑部）

　　　　　(010) 64280045（发　行）

传　　真　(010) 64280045/58572763

网　　址　www.gmcbs.cn

经　　销　全国新华书店

印　　刷　北京建宏印刷有限公司

开　　本　710 毫米 × 1000 毫米　1/16

印　　张　11.25

字　　数　145 千字

版　　次　2023 年 10 月第 1 版

印　　次　2023 年 10 月第 1 次印刷

印　　数　1 ~ 1500

定　　价　88.00 元

为古树建档的人

北京古树熟悉他的面孔。

古树专家施海，是我的朋友。他额头挺阔，目光炯炯。飞燕眉、两端翘，络腮须、硬朗粗粝，面相阳刚。他属于那种话多，但还不至于定性为话痨的人。他有话从不憋在心里，总要说出来，痛痛快快地表达自己的想法。

施海出生于1963年5月1日，他曾开玩笑地说，每年的这一天，全世界的劳动人民都要放假庆祝他的生日，也太隆重了吧。京郊平谷金海湖镇水峪村是他的出生地，水峪村只有300多户人家，1000多口人。水峪村不怎么大，但那里却山美水美生态美。一提起水峪村，施海的眼睛就放光。水峪村山谷里有一眼山泉，曰“水泉”。咕嘟咕嘟，咕嘟咕嘟，泉水欢腾，四季不歇。据说，此泉底下的水脉通着金海湖呢。湖水满盈时，泉水冲劲儿就特别猛。小时候，施海常去担水。泉水映着他的身影，闪着亮亮的光。他父亲干农活回来，便舀一瓢泉水，一仰脖儿，喝下去，然后抿一下嘴角的水珠，心满意足。施海在旁边看着，心里舒坦极了。

水峪村北面有一座云祥观，早年间，这里是水峪小学校的所在地。施海的小学就是在这里读的。这里离他家很近，听到上课的铃声，从家里往学校跑都来得及。后来，不知什么原因，学校就没了，只剩下一座空空的古庙，一个搞奇石的人把古庙租下来，古庙就成了奇石馆。古庙院内有四株古树，树龄都在五百年以上了。也许，施海对于古树的认识，就是从这四株古树开始的。不过，水峪村是先有古树后有古庙，还是先有古庙后有古树呢？施海也不得而知。四株古树有两株国槐，一株侧柏，一株油松。四株古树各具形态——斜松直柏并肩槐。凡上了岁数的树木，必易染病，必易致残，必易遭虫蛀，必有抗性和免疫力下降的问题。20 世纪 80 年代末期，四株古树不同程度地呈现出衰弱状态。枯枝渐多，虫害肆虐。某日，施海回水峪村探亲，他发现古树情况不好，立即采取了救治措施——除虫害、堵树洞、立支柱，用拉杆牵引有危险隐患的主枝，并施肥浇水，注射营养剂，进行生物技术复壮。措施果然奏效，来年春天古树焕发生机，恢复了树势。蓊蓊郁郁，聚气巢云。

然而，施海心里装着的古树，可不仅仅是水峪村古庙院落里这四株。通常生长百年以上的老树，被称为古树。北京郊区到底有多少株古树呢？可以说，在 20 世纪 90 年代之前没人能说清楚。施海用四年时间主持完成了京郊古树名木全面普查工作，搞清了古树家底，并登记、建档，进行分级挂牌保护。

1992 年，施海牵头制定了《北京市古树名木损失鉴定标准》《北京市古树名木复壮技术规范》。其中，《北京市古树名木损失鉴定标准》，为现在公布实行的北京市地方标准《古树名木评价规范》《古树名木日常养护管理规范》奠定了良好的基础。1995 年，施海主编的《北京郊区古树名木志》出版。2021 年，施海受邀担任高校《古树历史文化》教材副主编。至此，北京市古树名木从普查到保护，从文化挖掘到系统研究，继而成为高校一门单独的学科，施海功莫大焉。

在施海眼里，每一棵古树都是活文物，它们理应得到尊重，并应被善待。1989 年，他曾为昌平黑山寨一株古树起名“凤凰松”，此松被写进古树志，此名沿用至今。

在这本新著《树说文化》中，施海用通俗易懂的语言讲述的一个个故事，是如此生动，如此温暖，令我们感动。古树，有着超乎寻常的生命力和昂扬向上的精神；古树，远比我们想象的更加神奇。每一棵树都有自己的信念。信念是什么？信念是一个方向，信念是一个目标——努力去接近蔚蓝的天空，哪怕电闪雷击、虫蛀病腐、灾害摧残，也不言弃。

多年来，施海一直呼吁要加强对古树文化的研究和保护工作，对此他有自己的理解。他认为，所谓文化，就是“讲究”。比如，为何有的家族以树木的名称作姓氏，为何有的地方以树木名称作地名；民间为何又说“屋前不栽桑，屋后不种柳”；桃李为何与教书育人有联系，杏林为何是医者的代名词；为何“榜样”“楷模”“标杆”是指我们应该学习的人；颐和园里为何不同院落种植不同的树种等。如此“讲究”，大有学问。

施海手边有一本解读《千字文》的小册子，已经快被他翻烂了——里面的“讲究”令他如醉如痴。我曾向他借阅此书，仅一周时间，就被他追着要回去了。也许，正是受此书的影响，他撰写的《树说文化》里充满着各种各样的“讲究”。

《树说文化》是一本历史性、文学性、知识性和思想性兼具的科普读物，内容十分丰富。此书是施海对古树文化长期进行研究积累的成果，此书观点鲜明，史料翔实，具有一定的科学和文化价值。

我家与施海家居住的小区仅一墙之隔，他用力吼一嗓子，我便能听见。他每晚散步，风雨无阻。驴肉火烧是他的最爱，他是小营北路一家驴肉火烧店的常客，每遇到舒心的事，他就来吃一顿。他总是坐在临窗角落里的位置，从来不看菜单，必点的几样吃食：两个驴肉火烧、一碗驴皮汤、一碟海带丝，外加一碟干豆腐丝。刚出炉的驴肉火烧，还冒着热气，金黄诱人。施海拿起一个火烧，轻咬一口，外酥里嫩，肉香四溢，再来上一勺驴皮汤，那感觉真是——美。后来，施海向我推荐了这家驴肉火烧店，我也成了这里的常客。

我和施海是朋友，不是酒肉朋友，而是彼此心心相印、肝胆相照的兄弟。我们平时联系可能很少，但我若遇到事情，第一时间赶来的人中，一定有施海。他是那种遇事不躲、不推、不绕，能分忧、能解难、肯担当的朋友。

我在写作《北京的山》的日子里，有一天突然萌生了登山的念头，便给施海打电话。他不问我为什么要去登山，只说你想去，就马上陪你去，他提议去登百望山。于是，我们并肩上路了。

百望山不是很高，但对于有严重腰疾的我来说，登上去也并非一件轻松的事情。施海拣来一根木棍，递给我，我立即就明白了他的意思。登百望山有数条山路可以选择，有陡峭的野径，有荆棘丛生的小路，也有坡度平缓的常规路线。为了照顾我，施海断然选择了一条路面宽敞且坡度相对较缓的大路。尽管如此，我还是气喘吁吁，大汗淋漓，歇了三歇，才登上山顶的望京楼。当我眺望山下喧嚣的北京城时，不禁感慨万千。

人，仅此一生。然而，茫茫人海中，真正的知己又能有几位呢？

在《树说文化》即将出版之际，写下这样一些话，是为序吧，并谨以此文表达我对施海的敬意！

李青松

2022 年 7 月 30 日清晨写于北京

前　言

文化是一个民族的血脉，是人民的精神家园。

古树是一种文化。确切地说，是一笔文化遗产。沧海桑田，风云变幻，人世间的爱恨情仇，都深深烙印在古树的年轮中。

古树也是一种财富。确切地说，是一种精神财富。她战风寒历酷暑，经历无数次的劫难，却顽强生存至今，充分体现了坚韧不拔、不向任何困难低头的抗争精神。

古树还是一种文明标志。古树资源多少和对其的保护程度，标志着一个国家历史是否悠久以及文明程度的高低。

深入挖掘古树文化，讲好古树故事，是确保古树健康生存并延续先人保护生态环境优良传统的关键。

本书分为上下两编，上编围绕古树包含哪些文化、如何挖掘古树文化、应采取哪些措施科学保护古树以及制定古树名木损失鉴定标准的方法等内容作了全面阐述；下编重点阐述了在新的生态环境建设中如何打造饱含中华文化的优质生态产品以及相关注意事项。

在上编中，通过长期的学习思考，把树木所蕴含的文化内涵总结为十篇内容，其中包括中华文化篇、历史文化篇、成语典故篇等。

在下编《浅谈如何打造“优质生态产品”》一章中，提出的生态建设需种好“四棵树”即生态树、摇钱树、观赏树、文化树，并做到“五个结合”即造林与造景相结合、造林与造园相结合、绿化与美化相结合、绿化与文化相结合、造林绿化与民生相结合，以及在生态建设中，根据树木的特性和当前旅游文化的需要，打造“一乡一品、一区多品”等观点，都是比较符合社会各界实际需求和生态文明思想的。

保护古树就是保护我们的历史文化，编辑出版此书的目的就是让更多的人了解认识古树的文化价值，让古树名木主管部门掌握科学的保护管理方法，使保护古树名木成为全体公民的一种自觉行为，从而达到保护、利用、发展的目的，为建设一个和谐、美丽、宜居的美丽中国做出自己应有的贡献。

作者

2023 年元月

目录
ONTENTS

上　编

古树文化

既然谈古树文化，就首先要弄清“文化”的概念。

什么叫“文化”？有人说，文化是人类创造出来的所有物质财富和精神财富的总和。也有人说，文化，广义指人类在社会实践过程中所获得的物质、精神的生产能力和创造的物质、精神财富的总和，狭义指精神生产能力和精神产品，包括一切社会意识形态：自然科学、技术科学、意识形态，有时又专指教育、科学、艺术等方面的知识与设施。有人曾做过统计：自 1871—1951 年的 80 年里，关于“文化”的定义就有 164 条之多，人类学鼻祖泰勒是现代第一个界定文化概念的学者，他认为，文化是复杂的整体，它包括知识、信仰、艺术、道德、法律、风俗以及其他作为社会一分子所习得的任何才能与习惯，是人类为使自己适应其环境和改善其生活方式的努力。从以上有关“文化”的表述来看，其概念显得既深奥又抽象，让人很难理解，更不容易记住。

其实“文化”的内涵没有那么复杂，本书认为所谓“文化”，简单说就是“讲究”。比如说“饮食文化”讲究的是“色香味”；“戏曲文化”讲究的是“唱念做打”；“曲艺文化”如相声讲究的是“说学逗唱”；“诗词文化”讲究的是“平仄押韵、意蕴隽永”等，各个行业的文化其实都是在谈其中有什么“讲究”。可以说，没有“讲究”也就没有“文化”可谈。

在现实生活中，我们一提到“文化”，大家首先想到的是什么？我想大多数人想到的就是吃、喝、玩、乐等大众文化，即饮食文化、旅游文化、戏曲文化等。但提到树木文化，有人不禁要问：树木还有文化？它不就是具有美化环境、防止水土流失、调节气候、防风降噪、净化空气、吸碳释氧等作用吗？

实际上，在人类社会的发展过程中，树木与人类的生产、生活息息相关，树木也具有丰富的文化内涵。

从“四大发明”到“衣食住行”；从“仓颉造字”到“诗词歌赋”；从借“桃李天下”比拟“教书育人”到医者“杏林”的代称；从“文成公主带柳进藏”到“众人寻祖洪洞”……我们的生活与树木一起共生共荣，树木文化又岂是只言片语能够说得清的？特别是全国各地保存至今的众多古树名木，在其漫长的生长过程中，伴随着人类社会的不断进步，或与人类的历史文化同步发展，或与人类的民俗文化相交融，或使人类的文学文化不断丰富。正是因为树木具有丰富的文化内涵，才使得众多古树保存至今。

谁说古树或树木“没有文化”？只是树木文化没有引起社会的广泛关注，或者说是我们没有深入研究、挖掘而已。

树木都有哪些文化呢？我将自己多年来的学习体会和思考，总结归纳为以下十个方面，向大家一一介绍。

第一章　中华文明篇

在人类的发展历史上，曾经有过“四大文明古国”，即古代印度、古代埃及、古代巴比伦和古代中国。截至目前，其他三个古国的文明已不复存在，只有代表东方文明的中国文明仍熠熠生辉。在中华民族五千年文明的历史积淀过程中，我们的祖先创造了辉煌灿烂的历史文化，并对社会的发展起到了积极的促进作用，其中所蕴含的民族精神和诸多道德理念，至今仍然具有强大的生命力。这一章，将从三星堆出土的神树开始，揭开中华文明光辉灿烂的历史篇章。

扶桑树小意义大　体现华夏的文化

关于人类文明的起源，我们探索了几千年，也寻觅了几千年。

对于中华文明的起源，我们不能不提据说是战国后期到汉代初中期由楚国或巴蜀人所作的《山海经》。虽然有人说它是一部荒诞不经的旷世奇书，但书中记录的一些神话传说，正被我国近年来的考古证明其真实存在。特别是1986年在四川广汉三星堆遗址二号祭祀坑内挖掘出土的、经过专家十年的努力，将2479块碎片拼接复原成树干主体部分高3.84米的青铜神树（青铜神树底座高12厘米），这在3000多年前应该是当时全世界最大的一棵青铜神树。三星堆出土的神树共有八棵，本文所指神树为一号神树。从复原后的青铜树造型来看，该青铜神树大概就是《山海经》里所描述的代表东方神木的“建木”——扶桑树。

那么，三星堆神树，究竟蕴含着哪些中华文化呢？

1. **蕴含彝族历法。**青铜树的形态，实际上是上古时代彝族历法的形象表述。上古之人将青铜神树的树干作为天干（干，即树干），下层的树枝代表的就是地支（支，即树枝）。

树干和树枝，象征的是干支历法中的十天干“甲、乙、丙、丁、戊、己、庚、辛、壬、癸”和十二地支“子、丑、寅、卯、辰、巳、午、未、申、酉、戌、亥”。

干支，又称为日干月支，在彝族神话中，认为树上最先生成的，不是果实，而是日月，这也许是当时的人们看到太阳和月亮挂在树梢之上的一种联想而已。

实际上，扶桑树是古人用来观察天象、推测日历的树。古人通过观察发现鸟的迁徙活动、太阳运动与寒暑变化有很大的关系，于是根据这些现象制定了最早的历法，称为“鸟历”。这充分体现了中华民族的祖先早在远古时期就已经对大自然以及一些自然现象有了充分的了解，从而创造出“历法”，开创了华夏文明的新纪元。

2. **回应了“后羿射日”的传说。**青铜树上的鸟，在中国古代神话中，说是一种驾驭日车的神鸟，为日中生有三足的乌鸦演化，有称金乌鸟。《山海经·海外东经》说“汤谷上有扶桑，十日所浴，在黑齿北。居水中，有大木，九日居下枝，一日居上枝”。《山海经·大荒东经》也说“汤谷上有扶木。一日方至，一日方出，皆载于乌”。“扶桑”“扶木”指东方神木，就是说汤谷这个地方有一棵桑树，上有十个太阳栖息，一个太阳刚刚回来，另一个太阳则起身出去，十个太阳都是金乌驮着的。这就跟青铜神树完全对应上了，十个太阳一日至则一日出，除一个太阳始终在天上，另外九个太阳就栖息在树上。

3. 昭示着“社树”的存在。从一号神树的整个造型上看，青铜神树矗立在一个土台之上，这个“土台”所代表的可能就是“社坛”。古代立社种树，为社的标志，故社坛多傍社树。社树被看作神树，不能随便砍伐。

4. 体现了人们对树木的崇拜。扶桑树在《山海经》中又被称为“若木”或“建木”，传说可以沟通人间和天上。随着人类社会的不断发展，人们逐渐把对扶桑树的崇拜转变为对一个地区古老树木的崇拜。

从以上描述可以看出，青铜神树蕴含着深厚的华夏文明，它用无声的语言向人们解答中华文明的基因密码，见证了华夏文明源远流长。

文祖仓颉始造字 “草木竹禾”皆绿材

在我们的祖先最初造字时，主要以象形为主。但到了秦汉时期，因为中原地带已经进入农耕为主的时代，汉字的造字取象也就随之向植物方向发展了。据统计，《说文解字》中以“草木竹禾”为偏旁部首的字高达1000多个字，约占《说文解字》总字数的10%以上。

现实生活中以“草木竹禾”为偏旁部首的字不胜枚举，如草字头的草药、葵花、蔬菜；木字旁的桥梁、桌椅、楼梯；竹字头的筷、箭、笔；禾木旁的稻、秋、种等。

从仓颉造字开始以至之后的发展情况看，文字之所以被创造出来，完全来源于人们对大自然和人类生产生活的实际需要。可以说汉字不仅博大精深，而且更具文化性。因为我们的汉字，每个字都能讲述一个故事，哪怕是一个偏旁或一个部首都能说出具体的含义。

“文字”是书写中华民族文化的重要媒介，是中华民族文化的“芯片”。而“文化”是中华民族世代传承的“文脉”，是中华民族文明繁荣昌盛、向前发展的基因。

树木文化学问大　造字暗含大文化

某些会意的汉字赋予树木自然属性，同时更多地负载了它的人文、社会属性，祖先发明的这些汉字是留给我们的一笔宝贵的精神财富。例如榜样、楷模、样板、标杆等词语，是让人们向一些人或事学习、追求目标的词语，这些词语都用“木”字做偏旁。

凡是树木等绿色植物，都有不畏艰险、不惧困难、积极向上、不屈不挠的特性，哪怕“摔倒了，再爬起来”，它们仍然昂头挺胸、向上生长，而这些特性正好符合我们中华民族的优良品质。古人造字时利用“树木”独有的特性，造出了“榜样”“楷模”“标杆”等词语，以鼓励人们要向不畏艰险、积极向上的人学习、看齐。

圣人墓地两棵树　因人品质立“楷模”

对现代人来说，“楷模”就是典范、榜样的意思，值得学习的人或事物被称为“楷模”。我们的祖先正是因敬重“周公爱民如子”的品德和尊重“孔子教书育人、为万世师表”的品格，才把二位圣人坟墓上各长的一棵树合称为“楷模”，让后人世代瞻仰。

楷树，学名“黄连木”。

《太平广记》引《述异记》，“鲁曲阜孔子墓上，时多楷木”。清代的《广群芳谱》引《淮南草木谱》，“楷木生孔子冢上，其干枝疏而不屈，以质得其直也”。据唐朝著名的博物学家段成式所著《酉阳杂俎·续集卷·支植下》记载，“蜀楷木，蜀中有木类柞，众木荣时如枯，隆冬方荫芽布阴，蜀人呼为楷木。”翻译成白话文的意思是：蜀中有一种树很像柞树，它的特点是别的树茂盛的时候它像一个枯树桩子，到了隆冬时节，别的树叶子都落光了，它反而发芽长出了茂盛的枝条。蜀地之人称其“楷木”。

楷树具有这种特性颇有“众人皆醉我独醒”的境界。这种树与众不同，众树茂盛它隐退（如“枯”），众树叶子落光了它反而还枝叶繁茂，而且树干通直不弯，这不正是圣人一生秉持做人要不畏权贵弯腰而要“正直”的真实写照吗？其实楷树就是黄连木，是原产中国的一种落叶乔木，因其木材色黄而味苦，故名“黄连木”或“黄连树”。

模树，从历史资料和树木学专业资料查询情况看，它具体是指什么树，无从得知，只因其色泽纯正，“不染尘俗”被立为诸树之榜样。

楷树和模树以树喻人，所以人们把人的模范行为、榜样作用称为“楷模”。

“封”字从土又从寸，疆域区分树作界

千字文里有句“户封八县，家给千兵”，说的是古代，对于“三公九卿”的待遇，每户的封地可达八个县，每家的亲兵卫队配备在千人以上。

分封土地自周朝开始，即帝王把爵位及土地赐给王室成员及有功的臣子，分封地即可称一国，周朝共设立800个诸侯国，史称“分封建国”，“封建”一词也来源于此。至秦朝废除此做法，改为中央集

权制。

这里主要介绍的是“封”字与树木的关系。“封”字，从土从寸，字像是植树于地上以明疆界。这就是说，给一个人“封地”之后，如何表示他的封地范围呢？那就在他的封地周边栽上树，即栽上边界林，在所种树木范围内的都是他的“国土”，其他诸侯国不能越界。这也是“封”字“从土从寸”的“寸”取“树的右半边的寸”的由来。显然，为明疆界而栽的树木已经起到了“界碑”的作用，边界林更是一种“主权”的象征！

这种古老的习俗在我们现今的生活中仍然常见。比如在承包或租赁土地时，一般人都会在其承包或租赁的土地边缘栽上一些树，一是证明某个范围是谁的土地，二是也起到防护作用，但最重要的还是用树圈出“权利范围”。

从造字这点上看，我们不得不承认我们的祖先是伟大的，我们的文化是丰富的！

五行相生又相克　树种搭配讲科学

五行是中国古代哲学的一种系统论，广泛用于中医、命理和占卜等方面。五行的意义包涵借着阴阳演变过程的五种基本动态：水（代表浸润）、火（代表破灭）、金（代表敛聚）、木（代表生长）、土（代表融合）。

中国古代哲学家用五行理论来说明世界万物的形成及其相互关系。它强调整体，旨在描述事物的运动形式以及转化关系。实际上，五行理论的形成，我认为还是古代哲人通过对自然界各物质之间自然属性的长期观察而创造出来的。所谓五行即金木水火土，其中的“木”就是指树木。因为树木根系扎于土壤中，树木的根系能够牢牢地把土壤固定住并从土中吸收营养以补己用，树木强壮，但土壤得不到补充，故古人确定“木克土”；又因树木可以点燃取火，故古人确定“木生火”；树木生长需要水的滋养，故古人确定“水生木”；树木做成各种有用之才，需要用“金属”做成的工具去雕琢，金属做成的斧头也可以砍伐树木，所以“金克木”。由此可以看出，古人就是根据自然界物质之间的关系确定了五行中各要素的相生相克：木生火，火生土，土生金，金生水，水生木；木克土，土克水，水克火，火克金，金克木。

五行相生相克，相互依存，内涵博大精深。食物有相生相克，树木同样也有相生相克，特别是果树与其他生态树之间尤为明显。如民间流传的“苹果遇核桃，肥猪碰钢刀”的谚语，这句话是说苹果树与核桃树不能种在一起，哪怕距离比较近也不行；还有“槐树做围墙，果园闹虫荒”，说的是果园周围不能用国槐、洋槐等做绿篱围墙，因为槐树很容易招虫害，进而危害果园；再有“梨柏是冤家，并栽必出差”，因为柏树花粉传到梨树上易传染梨桧锈病，会对梨树造成重大危害。

我们的祖先之所以能够总结出这么多谚语，是他们从上百年甚至上千年的生产实践中发现并总结出来的。之所以会出现两个树种不能种在一起，或互相离得不能太近，主要是它们之间存在着某种病或虫互相传染或相互侵害。这些相生相克的知识，对于我们造林绿化和发展果品产业具有重要的指导意义。在实际的造林绿化设计时，一定要考虑树木之间相生相克的特性，以免造成不必要的损失。

天干地支学问大　大道至简传天下

我国历法把“十天干”与“十二地支”按固定的顺序互相配合，组成了干支纪法。干支，《辞源》里说，取义于树木的“干枝”。天干地支形成历法用来纪年月日时。天干：干者犹树之干也，包括甲、乙、丙、丁、戊、己、庚、辛、壬、癸。下面了解一下部分“天干”的具体含义也就明白了祖先的聪明智慧所在。

甲：像草木破土而萌，阳在内而被阴包裹。说的是草木或树木的种子刚刚萌芽，即将破土而出，一个生命即将诞生，相当于人的婴儿阶段。

乙：草木初生，枝叶柔软屈曲。说的是树木初步生长，处于幼树阶段，树叶没有完全展开，幼嫩的枝条还很柔软，相当于人的幼儿阶段。

丙：炳也，如赫赫太阳，炎炎火光，万物皆炳燃着，见而光明。说的是树木已茁壮成长，相当于人的青年阶段。

丁：草木成长壮实，好比人成丁。说的是树木已经成型，树干、枝条已经木质化，相当于人的成年阶段。

戊：茂盛也，象征大地草木茂盛繁荣。说的是树木经历过了风风雨雨，适应了大自然的环境，已能抵抗各种自然灾害并茁壮成长，相当于人的成熟阶段。

地支：子、丑、寅、卯、辰、巳、午、未、申、酉、戌、亥。古人认为天地初开之时，清气、阳气上升形成天，浊气、阴气下降形成地。配以阴阳五行而立天干地支。干支配合，就能反映自然万物的变化。

从以上介绍可以看出，我们的祖先仅仅凭借对一棵树生长规律的观察，就把世间万物从初始到消亡过程的一切变化阐述得如此清楚，不能不承认祖先“天干地支学问大，大道至简传天下”的聪明智慧。

树木全身都是宝　治病救人有奇效

在绿色植物的王国里，树木全身都是宝。很多树木的根、茎、叶、花、果实、皮等都可以入药治病救人。我们从汉字“草药”字形就能看出来，凡是“绿色植物”皆可入药。俗话说，“一方水土养一方人”。我认为，这个“水土”同样也应该包括一个地方的“植物和树木”。在现实生活中，你会发现，同一种疾病，如果用南方地区的植物配置的药，医治北方人，就没有用当地的植物配的药效好，同样，用北方植物配置的药，医治南方人的疾病，药效也不是很好。

关于树木各部分可以入药的知识，我们在李时珍的《本草纲目》中都可以找到。如侧柏，种子药用称“柏子仁”，有养心安神的功效，小枝药用有健胃的功效；银杏叶及果提取物有敛肺平喘、化瘀止痛、扩张冠状动脉及外周血管，抑制血小板聚集和血栓形成的作用；杜仲的叶“久服轻身耐老”等，这些都说明树木全身都是宝，我们的生活离不了。

第二章　历史文化篇

文化是一个民族的血脉，是人民的精神家园。

中华民族传统美德的形成和发展已经有几千年的历史，从口头传承到文字记载，从齐家治国平天下到中医治病、养生之道，从天文地理到二十四节气的准确测定，涉及政治、经济、文化、社会、军事、科学、哲学、医药等方方面面，可以说内容博大而精深。

优秀的民族文化既是民族振兴的精神动力，又是建设先进文化的重要基础。在经济全球化和西方文化盛行的背景下，弘扬优秀的民族文化，增加文化自信，对于凝聚全社会的力量，实现中华民族伟大复兴具有重要意义。

本章主要介绍的是在人类社会发展的历史长河中，因树木而衍生出的，经千百年来不断发展、变化，传承至今的树木历史文化。

菩提树下修正果　佛祖万世称佛陀

佛教起源于印度，但自西汉末年传入中国后，被不断发扬光大。因释迦牟尼在菩提树下悟出真理，为众生找到了脱离生死轮回的真谛，故菩提树也名扬四海，这也是目前我国众多佛教寺院广种菩提树的原因所在。

菩提树是桑科榕属的大乔木植物，别称思维树。在印度，无论是印度教、佛教还是耆那教都将菩提树视为“神圣之树”，各地更是对菩提树实施“国宝级”的保护。

随着佛教传入中国，菩提树在中国也有深远的影响。唐朝初年，僧人神秀与其师兄慧能对话，写下诗句“身是菩提树，心如明镜台，时时勤拂拭，勿使惹尘埃”。慧能看后回写了一首“菩提本无树，明镜亦非台，本来无一物，何处惹尘埃”。这对师兄弟以物表意，借物论道的对话流传甚广，也使菩提树名声大振。

菩提树，因佛陀而扬名，更因佛陀在菩提树下修成正果的传说而使其得到保护。

古树作载体　文化得光大

古树是前人和大自然留给我们的珍贵遗产，是“活的文物”，它历经多年的风雨沧桑，风云变幻，成为大自然和人类历史发展的见证者。保护古树对促进人类物质文明和精神文明建设具有重要意义。古树本身属于物质文化的范畴，以古树为表现对象的文化和文化心理属于精神文化的范畴。古树的文化属性是通过一定的物质形态、文化形式和文化心理表现出来的。

在中华民族数千年的历史长河中，古树文化是随着中国先民的自然观和审美意识的发展以及园艺栽培技术等的进步逐渐形成与发展的，并根植于各种历史典籍、神话传说、诗词绘画、人物事迹、文物古迹等方方面面，具有文化考古、历史考证等多重重要价值，需要我们去挖掘、研究、传承和发展。

中国先民自然审美观的形成主要经历了自然崇拜期、昆仑神话、神仙思想以及魏晋时期文人的隐逸文化期。在先民的原始崇拜中，林木因具有同山川相似的神性而成为人们祭祀的对象，并且占有重要的地位。古时无论天子、诸侯、大夫、百姓，必各自立“社”以奉神，而“社”通常的标志即是“社树”“社林”。“社树”“社林”作为土神乃至祖先神的象征，在上古社会具有崇高的地位。随后出现了被神格化的连接天地的建木，供太阳休息的东方圣木扶桑、扶木，象征祥瑞、仁慈、爱情的连理木，代表喜庆之意的嘉禾、朱草等植物，在很多历史典籍中都有相关的记述。

树木与姓氏　追根可溯源

中国人的姓氏文化源远流长，姓氏起源可上溯至太古母系氏族社会。从“姓”字的写法即“女”字旁右边一个“生”字，就有因“女人而生”的意思也能证明这一点。人类最早的姓氏有“姒”“姬”“姚”“姜”等也说明，我们的姓氏来源于母系氏族社会。

据史料记载，自伏羲氏开始“正姓氏，别婚姻”，主要目的是防止近亲结婚，以提示后代人健康繁衍。

随着人类的不断繁衍，“姓氏”也逐渐丰富多样。从现在保留下来的情况看，可以说姓氏来源于多个方面：或来源于自然界的山川河流，如山姓、江姓、水姓；或来源于自然界的万事万物，如天上飞的，如凤姓，地上跑的，如马、牛、羊姓，水里游的，如鱼姓、龙姓；或来源于地上长的花草树木；或来源于日常生活中的“柴米油盐酱醋茶”；或来源于封地，如燕、赵、齐、鲁；或来源于从事的职业，如巫、弓、张；或来源于皇帝赐姓，如周、吴、郑、王；或来源于自然现象，如电闪雷鸣、风雨雪霜等。在这里仅介绍一下与树木、植物有关的姓氏。

粗略统计一下与树木、植物相关的姓氏就有杨、柳、榆、槐、桑，松、柏、栾、栗、林，李、梅、花、叶、桂等，可以说，树木与姓氏密切相关。

花草树木，之所以被我们的祖先用作“姓氏”，作者认为主要是因为在那个蛮荒的时代，文化还处在萌芽状态，为了区别后代，必须用不同的标志来作记号。那么，花草树木，是不是最早用作“姓氏”的呢？我觉得不是，我认为祖先最早被用作“姓氏”的应该是“会动”的东西，因为人们观察事物时，“动”的东西会立刻引起大家的注意，而“静止”的东西往往不被关注。所以，我认为最早被用于区别后代的“姓氏”应该是猪马牛羊猴鸡鸟等“动物类”。但随着人类的不断繁衍，有限的动物名称已经无法满足人类区别姓氏的需要，所以人们看到了眼前的“花草树木”，于是就有了“杨柳榆槐桑”等姓氏。后来，随着人口数量的不断增加和文化的发展进步，又有了据“江河湖海”等自然景观以及“风雨雪霜”“电闪雷鸣”等自然现象作的姓氏。至于“女”字旁的“姒”“姬”“姚”“姜”等姓氏，那应该是人类社会发展到一定阶段——母系氏族社会后才出现的，或者说是当人类创造出了“文字”的“上古五帝的黄帝”时期才有的。作者认为，在没有文字的时期，人类的姓氏就是用大自然存在的事物来区分的。

树木与地名　源自《周礼》篇

关于将树木作为一个地方的地名，我们是可以找到一些历史依据的。

据《周礼·地官司徒·大司徒》记载，“设其社稷之壝，而树之田主，各以其野之所宜木，遂以名其社与曰医”。社稷，是土神和谷神的总称。社，指土神，稷，指谷神，古代，国家建立之后，都要建立一个“国社”，人们把祭祀土地神的庙称为“社”。壝，指社坛周围的矮墙。在各国社坛旁建造矮墙，种树作为田主，田主就是社主。主，指神所依附的树。古人认为，神喜欢凭依茂密的树木，故国社一定要种大树，并以树的名称，来给社命名。这个史料的意思是说设立各国社稷的遗坛，而以树作为神社、稷神凭依之物，各自种上适宜于当地生长的树木，之后就用这种树作为社或地方的名称，比如，种的是松树就叫松社。随着人类社会的不断发展，后来就发展到以树的名称命名一个地域的名字了。

在现实生活中，全国各地就有很多地方用树木的名字来命名的实例。比如广西壮族自治区的桂林市、柳州市，陕西省榆林市等。又比如北京的五棵松、垂杨柳、大榆树、大柳树、七棵树、枯柳树；槐柏寺街、枣林前街；桃园、杏园、梨园、桑园、松园、槐园、苹果园；檀峪、松树峪、酸枣峪；椴木沟、梨树沟、柳沟等地名，都与树木有关。

从以上的地名还可以看出几个特点：一是平原地区，因周边环境都差不多，没有大江、大河、大山，也没有明显的建筑物等标志，所以给这些地区命名时就只能用该地区最古老的树木或分布广、数量较多的“树的名字”来命名；二是在山区，虽然有很多山体，但与周边山形没有明显区别，沟底也没有突出特点，加之人迹罕至，故在命名时，就根据这个山区哪些树木多来命名，而且都是“树名加一个峪”字；三是用果树名字命名的地名，都是“果树名加一个园”字，这也说明人们担心别人偷摘果实而在自家果园周围用栅栏等“圈起来”的意思。这种命名文化自古有之，而且至今仍在沿用。

树木与权力　意在字里边

权杖是象征王权和皇权的用具。考古资料表明，古埃及和中国的考古遗址中都发现过权杖，形制不同，材质也各不相同。权杖地位等同于我国后世的玉玺。中国发现的权杖材质有木质、金质、青铜和玉石。

“权杖”二字之所以都用“木”字旁作偏旁，实际上也说明了谁拥有的土地多，谁的权力就最大。纵观人类社会发展史，自有人类以来，历朝历代所发生的战争，无一不是为了争夺资源、占领土地而进行的，无论是我国古代各国发生的战争，还是现代世界各国发生的战争。随着人类的不断发展，人口越来越多，社会要发展，需要的能源也越来越多。

但该用什么词语来表达“权力”呢？是用代表土地面积大小的“土”，还是用代表丰富资源的“金”“米”“禾”？这些恐怕都不太科学。

假如用“土”代表“权力大小”，在古代，“土”仅体现种植作物等较少功能。“土”的功能是能为人类生存提供粮食种植的基础，但需要人去播种，而且遇到天灾，还可能颗粒无收，因此，它不能持续满足人类的生存需要。与“树木可持续满足人类生存需要的功能”相比，还是有很大不同的；再有，如果用“自然资源”代表“权力大小”，在当时那个时代，很多自然资源还未被发现和利用。

因此，我想祖先在创造体现“权力”的用词时，还是考虑到“树木可持续满足人类的多方面需要，且无须人类主动投入太多人力和物力”这个主要特性的。如“树木可以提供果实”让人充饥；“树木也可以提供木材”解决人类居住和生火做饭问题；树木还可以就地取材制作“弓箭”等武器消灭敌人；随着人类社会的不断进步，后来蔡伦又用树皮等为原料发明了造纸术，从而大大方便了人与人之间的交流和记录历史等。在创造“权杖”这两个字时，用树木的“木”字作偏旁也就理所应当了。

坟地树木别乱栽　一些学问要明白

早在周朝，不同等级的人在死后，为其修建的坟墓（地上部分称为坟，地下埋葬尸体的穴称为墓）的高度和种植树木的品种，都有严格的等级划分。

据《周礼·春官冢人》记载，“以爵等为丘封之度与其树数”。另据《春秋纬》载，“天子坟高三仞（古时7尺至8尺为一仞），树以松；诸侯半之，树以柏；大夫八尺，树以栾；士四尺，树以槐；庶人无坟，树以杨柳”。

由以上史料可以看出，在周朝及其后很长一段时期，普通老百姓死后是不允许建坟的，在那个时代，作为普通老百姓只能在埋葬先人时，在墓的旁边种上杨树或柳树以为标记，以便后人祭奠时能够准确找到地方。随着社会的不断发展和进步，后来的统治者逐渐改变并放开了这个规矩，一是准许普通百姓建坟、栽种树木；二是过去只在坟地上栽种不同品种的树木以体现死者不同等级和身份，后来演变到人在世时于居住和办公的场所也栽种不同品种的树木以示身份等级。

看“树”知“身份” 观“皮”晓“历史”

我们到颐和园游玩时，进东宫门后，从第一第二院落古树的分布、太湖石的摆放和靠近古建筑一侧的古树树干树皮，便可以了解三个鲜为人知的历史故事。

一是两个院落的树种不同。在进颐和园东门后的第一个院落里，大家会看到种的都是柏树，而进到第二个院落，也就是仁寿殿所在的那个院落，则会看到种的树以松树为主。为什么两个院栽种的树种有所不同呢？仁寿殿，是慈禧太后和光绪皇帝住颐和园期间临朝理政、接见外国使节的地方，是颐和园听政区的主要建筑，皇帝“办公”的地方就种松树。而第一个院落是九卿等候召见的地方，所以这个院栽种的都是柏树。现在第一个院里南侧的古建筑房檐下还悬挂着“南九卿房”的匾额，也印证了这一点。

二是仁寿门两侧分立的“猪猴”太湖石，彰显了院落主人的身份

颐和园进东宫门第一个院内栽种的柏树

颐和园仁寿殿所在院内栽种的松树

匾额“南九卿房”

孙猴太湖石

猪八戒太湖石

地位。在颐和园拍摄古树时，仁寿门两侧分别摆放着两个太湖石。据导游讲，这两个太湖石一个像孙悟空，一个像猪八戒。传说慈禧太后以猪、猴的形象来作为仁寿门的守卫是有美好的寓意的，这两块奇石如同门神一样，镇守着皇家园林，辟邪祈福。“猪”“猴”不正是“诸侯”的谐音吗?

三是古树树干记录了英法联军侵略中国的历史。大家去颐和园如果细心观察的话，还会发现颐和园第一个院落里的古柏面向古建房屋一侧的树干多“光秃”。这里包含了一段中华民族难以抹去的回忆。

古柏面向古建房屋一侧的树干之所以没有树皮，是因为 1860 年英法联军侵略中国火烧颐和园（当时叫清漪园）时，把古建烧毁了，所以面向古建一侧的古柏树皮也被烤掉了。可以说古柏见证了那段历史，同时留下了英法联军侵华的罪证。这段历史激励我们子孙后代，不忘历史，才能开创未来。

住宅栽树有讲究　优秀文化要传承

住宅院内栽树也有讲究，古人云，“前不栽桑，后不栽柳，院里不种鬼拍手”，院里也不宜种桃树。这主要是我们中国人比较注重一些字的“谐音”，如“桑”与“丧”、“柳”与“溜”、“桃”与“逃”等字同音，寓意不吉利，所以大家都非常忌讳。其实这多少都有点迷信色彩。

另外，还有一句谚语，“桑松柏梨槐，不进活人宅”。从坟地上栽树的讲究看，槐树也是不能栽到人居住的院落里的，如果要种，就种在院外门前。关于住宅种树，民间流行很多谚语，如“门前有槐，荣贵丰财”；“右树重抱，财禄长保”；“屋顶枯树，必出寡妇”；“古树红花，娇媚倾家”；“左树右无，吉少凶多”；“枯树当门，火灾死人”；“独树当门，寡母孤孙”；“前有死树，失财倒路”。

现在庭院绿化比较流行的是：金玉满堂（金指桂花树，玉指玉兰，满指石榴树；堂指海棠），事事如意（柿子树），多子多孙（石榴树等结籽比较多的树木）等。但我想说的一点就是：在自家院内种什么树，还要根据住所的地理环境和自身的经济条件以及个人的喜好而定，不要迷信就是了。

颐和园被烧古柏

为树封爵有来历　最高礼遇为龙颜

加官晋爵，历史上并不少见，但封树的却少之又少。秦始皇可算是我国历史上给“树”封爵的第一人。

秦始皇统一六国后开创了中华民族大一统的千年盛世，他也因此被后人称为“千古一帝”。但当时的天下一统，仅仅是军事上的镇服，臣民在意识形态方面还存在很大的问题。为了确保天下民心归一，思想统一，全面接受秦文化，秦始皇便登泰山以“封禅”形式告慰天地及天下黎民百姓，统一六国乃“君权神授”。在封禅的过程中恰巧遇到大雨，秦始皇躲到一棵松树下避雨。为了昭示大秦所尚者乃“功”非“仁”（此乃当时商鞅变法之核心思想），为君立功者虽草木，亦得褒封。于是，秦始皇便按商鞅变法时设定的秦之爵号（共分 20 个等级）第九等“五大夫”爵封予这棵“护驾有功”的松树为“五大夫松”。从此以

北海团城上的“遮荫侯”

后，各代皇帝纷纷效仿。北京就有几棵得到皇帝封赏的古树。

北海团城上两棵有封号的松树，一棵为油松，另一棵为白皮松，分别是“遮荫侯”和“白袍将军”，其封号均为乾隆皇帝所赐。传说有一年夏天，乾隆皇帝来到团城，正值中午，承光殿内又闷又热，便命人摆桌案于油松树荫之下，清风徐来，顿觉暑汗全消。于是乾隆皇帝便效仿秦始皇登泰山避雨后封“五大夫松”的故事，封这棵油松为“遮荫侯”。

另外，乾隆皇帝还赐号京郊潭柘寺的两棵古银杏树为“帝王树”和“配王树”。传说，乾隆皇帝到潭柘寺后拾级而上，从右侧游览，第一眼就看到了一棵巨大的银杏树，因在北京城里从没见过如此高大的银杏，一时兴起便封其为“帝王树”。但当他从西侧下来时，又看到与“帝王树”平行相隔不远的另一棵银杏树时，看其干径比“帝王树”可能还粗一些，便有些后悔，感觉自己太心急了，但皇帝“金口玉言”，既“封”了也不能改了，于是又将这株更粗一些的银杏树封为“配王树”。至今这些古树都因得到了皇帝的封号而被人们世代尊重和保护。

北海团城上的“白袍将军”

重耳感念忠臣意　御命寒食不饮炊

提到“清明节”以及它的来历，恐怕无人不知无人不晓；“寒食节”是哪天以及它的来历，恐怕知道的人就不多了。我国的“清明节”是每年的4月5日，而“寒食节”则是“清明节”的前一二日。“寒食节”又称“禁烟节”“冷食节”“百五节”。

相传“寒食节”是为了纪念春秋时晋国的介子推，此节的由来与一棵古柳树有一段悲伤的历史故事。

相传春秋时期，晋国大臣介子推追随重耳（春秋五霸的晋文公）为躲避重耳之父晋献公的妃子骊姬陷害而流亡列国。有一天，重耳因几天没吃饭饿晕了过去，介子推为救重耳便割下自己腿上的肉给重耳煮了吃，“割股啖君”，从而救了重耳一命。十九年后，重耳回国做了君主，便对当年那些与他同甘共苦的臣子大加封赏，唯独忘了介子推。于是，有人便在晋文公面前为介子推叫屈。晋文公猛然忆起旧事，心中有愧，马上差人去请介子推上朝领赏。可介子推不愿见他，并背着老母亲躲进了绵山（位于今山西介休市东南）。晋文公遂派军队去绵山搜索，但经过几天几夜的寻找也没有找到。这时，有个大臣提议，“我们在山的三面点火，留下一面，起火时介子推会自己走出来”。晋文公听后觉得很有道理便采纳了属下的建议，下令放火烧山。大火烧了三天三夜，还是不见介子推出来。最后发现介子推母子俩抱着一棵烧焦的大柳树已经被烧死了。当人们挪开介子推母子时发现他们抱着的柳树的树洞里有一块白布，打开一看，上面竟是介子推用指血写的血书。血书是介子推写给重耳的，内容是一首诗：“割肉奉君尽丹心，但愿主公常清明。柳下做鬼终不见，强似伴君作谏臣。倘若主公心有我，忆我之时常自省。臣在九泉心无愧，勤政清明复清明”。这首诗，是介子推提醒晋文公，要做一个“清明勤政”的好君王。

晋文公见大火烧死了救命忠臣，悲痛不已。无奈忍痛把介子推母子葬于绵山，修祠立庙，并下令以后每年介子推母子死难之日全国禁止烧火做饭，只能吃前一大剩下的“冷菜冷饭”即吃“寒食”，以寄哀思，自此之后相沿成俗。这就是“寒食节”的由来。

“清明节”则是第二年晋文公到绵山祭奠介子推时，发现去年被烧的柳树又长出新芽，并想起介子推用血书写给自己的那首诗，于是，晋文公小心地折下一根柳枝，编成柳圈戴在头上，祭奠完毕，晋文公给长出新芽的柳树赐名“清明柳”，又把这天定为“清明节”。这个故事，即使于今天，仍意义深远。

如今每到寒食节，全国各地的人们都会举行盛大的节日活动，比如祭祀、踏青、荡秋千、吟诗等，其中还有一项就是“插柳”，或“插

“清明柳”

柳于坟”或“插柳于衣袋”。早在南北朝时的《荆楚岁时记》中就有“江淮间寒食日，家家折柳插门”的记载。民间还有“清明（寒食）不戴柳，红颜成皓首”之说。

2013年寒食节，感怀介子推忠君爱民，于是，我有感而发写下了：

清明时节柳枝垂，几人遥祭介子推？
重耳感念忠臣意，御命寒食不饮炊。
绵山古柳年年绿，哀伤化作追思泪。
忠臣自古千千万，割肉奉主还有谁。

第三章　成语典故篇

成语，一般为四字或八字的短语，字数虽少，但它言简意赅，并蕴含一定的哲理。古人通过对树木生物学特性的长期观察，创造出含义丰富的固定短语，充分体现了我们祖先的聪明智慧。它凝聚了中华上下五千年的文明，是中华民族智慧的结晶。

典故是指在话语活动中所引用的一切业已发生或出现过，有其文献依据，并具有可追溯的原初情景的叙述内容或语言形式。古人把历史上曾经发生的与树木相关的人或事用“典故”的形式记录下来，用以教育和激励后人。

在树木文化的王国里，我们的祖先创造出了不少的成语和典故并传承至今。

树木之成语　言简喻哲理

在人类社会发展的进程中，我们的祖先一方面从大自然赠予的丰富的森林资源中获取了大量的生活财富，另一方面还在日夜相伴的绿色植物中获得了大量的灵感，进而创造出了大量的蕴含丰富人生哲理和富有诗意的成语。信手拈来的就有十年树木、百年树人，绿树成荫，枝繁叶茂，枯木逢春，万木争荣，暮云春树等。

仅就“十年树木，百年树人”来说，它告诉我们：培养一棵树成材至少需要十年，但要培养一个人成材，则往往需要更长的时间。培养一个对国家对民族有用之栋梁，需要非常漫长的过程，不是一朝一夕的事情。所以说，成语虽然只有寥寥几字，但它却表示一定的意义，往往蕴含着深刻的道理。

以树拟人喻精神　传统典故育新人

在中华民族文化漫长的发展历程中，我们的祖先创造了大量的成语典故并流传至今，它们在今天仍然发挥着重要的指导意义和教育意义。

桃李：“桃李”一词出自《韩诗外传·卷七》：“夫春树桃李，夏得荫其下，秋得食其实”。“桃李满天下”说的是老师教育出来的优秀学生遍布全天下，赞美教师辛勤育人、成果丰硕。

杏林：杏林是中医学界的代称。据《神仙传》记载，三国时期安徽省凤阳县闽籍道医董奉，“奉居山不种田，日为人治病，亦不取钱。重病愈者，使栽杏五株，轻者一株，如此数年，计得十万余株，郁然成林……”根据董奉的传说，人们后来用“杏林”称颂医生。医生每每以“杏林中人”自居。后世遂以“杏林春暖”“誉满杏林”等来称颂医生的高尚品质和精良医术。

桑梓：《诗经·小雅·小弁》中的“维桑与梓，必恭敬止”，说的是家乡的桑树、梓树是父母种的，对它们要怀有敬意。后以“桑梓”代指故乡或父老乡亲。1910年秋，毛泽东离开家乡赴湖南长沙读书时，曾经给他的父亲写了一首诗：“孩儿立志出乡关，学不成名誓不还。埋骨何须桑梓地，人生无处不青山”。诗中的“桑梓”就是指代家乡。

梨园弟子：原指唐玄宗培训的歌伶舞伎，后泛指戏剧工作者。《新唐书·礼乐志》记载，唐玄宗李隆基喜欢音乐，精通音律，尤其欣赏清雅的《法曲》，于是，他挑选了三百乐工在皇宫里的梨园专门教他们演奏《法曲》，李隆基亲临指导，称这些乐工为“皇帝梨园弟子”。“开元二年，上以天下无事，听政之暇，于梨园自教法曲，必尽其妙，谓皇帝梨园弟子。”这就是“梨园弟子”的由来。

李隆基可以说是继黄帝时期的“伶伦”发明音律后，第一个以至高无上的身份和地位把传统戏曲推到一定高度的人，他对我国古代音乐艺术的发展做出了巨大的贡献。

“槐卿”喻官阶　槐树尊“国树”

千字文:“府罗将相，路侠槐卿”。“槐卿”为“三槐九卿”的简称。“三槐”就是三公，秦汉以前，将“太师、太傅、太保”称为三公，西汉末至东汉的三公为“大司徒、大司马、大司空”。“三公”代表中国古代地位最尊显的三个官职。

据《周礼》记载，周代外朝（皇帝议事的朝堂为内朝，内朝之外为外朝）种植槐树三棵，三公位列其下；左右各种植棘树九棵，九卿大夫位列其下，所以称公卿为“槐卿”。古人最敬重槐树，因为槐树不怕旱涝、不畏寒暑，生命力极强。另外，槐树花可食，遇到饥荒年可救人命。有句俗话，“千年松万年柏，不如老槐甩一甩”，说明槐树寿命很长。

第四章　诗词歌赋篇

中国古典诗词是中国古代文学艺术的精髓，是中国文化长河里的瑰宝。历史上众多文人墨客在吊古怀今、伤情别离时，在描述社会风貌、自然山水时，多借含树木的诗词淋漓尽致地抒怀。其优点，一是不会触犯“清规戒律”；二是树木与人们生产生活息息相关，大家耳熟能详；三是诗词语言优美，朗朗上口。古典诗词的美超越时空的限制，即使是身在今天的我们，去重温那些精练优美的诗词，依旧能深切地感受到古人抒发的情感而引起共鸣。唐诗宋词中就有很多以花草树木为描写对象的不朽诗句。

借诗言志写春秋　中华文化岂能丢

中国是一个诗的国度。唐诗宋词是我国文化遗产中最值得自豪的文化瑰宝。一个热爱诗歌的民族，应该是一个富有理想的民族，诗能使人感悟人生；诗能净化人的心灵，让人的思想境界得到升华。一个擅于写诗的民族，是有修养的民族。诗能启发人理解自然、思考哲理；诗能展示真实的人性，激发对于人类共同感受的认同。唐诗宋词的永恒魅力，就在于其优美的语言和深刻的思想。

唐宋先贤借用花草树木创作了大量的诗词歌赋，如王之涣《凉州词》中的“羌笛何须怨杨柳，春风不度玉门关”；贺知章《咏柳》中的“碧玉妆成一树高，万条垂下绿丝绦”；白居易《大林寺桃花》中的“人间四月芳菲尽，山寺桃花始盛开”；杜牧《清明》中的“借问酒家何处有？牧童遥指杏花村”；杜甫《绝句》中的“两个黄鹂鸣翠柳，一行白鹭上青天”。

在唐诗宋词中，诗人、词人除了以树抒怀外，还作了大量以花为题材的诗句，如“接天莲叶无穷碧，映日荷花别样红”；“人闲桂花落，夜静春山空”；“待到重阳日，还来就菊花”；“墙角数枝梅，凌寒独自开”。

在诗人的眼中，大自然是美好的，他们托物言志，以此表达内心的宏愿及对人生的感悟。

人面桃花相映红　桃花园中觅真情

“去年今日此门中，人面桃花相映红。人面不知何处去，桃花依旧笑春风”，这是唐朝诗人崔护作的一首诗，诗名为《题都城南庄》。这首诗主要描写的是，崔护在长安城南的一个桃树园里与一个叫绛娘的花季少女一见钟情的爱情故事。

对这首诗的解读，网上流传的版本比较多，有的版本说是绛娘因未见到崔护而相思过度，伤心而亡；有的版本说两人终成眷属，贤惠的绛娘与崔护厮守一生。我更愿意相信后一说法。这个流传多年的唯美爱情故事发生在桃花园，男女主人公因桃花园而结缘，由桃花我们可以想象绛娘的美丽，故事感人至深。诗为作者有感而发，真情表露，语句朴实无华。

不论是《诗经》里那位“灼灼其华”的新娘，还是“看花满眼泪，不共楚王言”的桃花夫人，都让人不难想象出她们美丽的程度。而崔护只用了简短的28个字，即让人了解绛娘就是“白里透红的桃花”，“人面桃花相映红”，惟妙惟肖、栩栩如生。读了崔护的诗句，我们都有种身临其境的感觉，仿佛绛娘就站在自己面前。难怪后人都用“人面桃花”形容一个女子姣好的容颜。

第五章　道德情感篇

道德情感，是指人们依据一定的道德标准，对现实的道德关系和自己或他人的道德行为等所产生的爱憎好恶等心理体验。道德情感可分为公正感、责任感、义务感、自尊感、羞耻感、友谊感、荣誉感、集体主义情感，爱国主义情感等，是个人道德意识的构成因素。

在社会生活中，道德情感，维系着家庭成员之间的感情，维系着个人与社会其他成员之间的友好相处，甚至维系着一个社会的稳定。

在人类历史发展的长河中，人们与树木无论是在道德方面，还是在情感方面都结下了不解之缘。

爱树爱己爱后代　爱护环境做表率

我国古代封建统治时期，统治者用儒家思想统治管理社会，他们对于百姓砍伐树木，不是直接加以干涉，而是委婉劝导百姓，俾其知非时滥伐，足以伤其私德。故《礼记·祭义》中有“树木以时伐焉……断一树，不以其时，非孝也”。因“不孝”，在古代被列为“十恶不赦”的“十恶”之列，百姓则不会因伤“私德”而轻易破坏山林。

在民间特别是一些原始或少数民族地区，用族规或村规民约或用一些儒家思想约束或教育当地老百姓有时比用法律约束或管制更能收到意想不到的效果。如果一个家庭因破坏树木或山场，被扣上“不孝”的头衔，那么这个家庭的名声就会受到极大的影响。轻则“无人和他们来往”，重则“影响后代的婚姻以至就业、家业的发展”。为此，谁也不愿意因此去破坏山林，背上“不孝”的骂名。但这里也并不是说法律不如族规，而是说在封建统治时期，统治者用这种手段统治人们的思想，使老百姓为了不影响自己家族及后代的发展，把破坏山林的后果与其切身利益联系起来，使其将保护树木变成一种自觉行为，这种手段不能不说是一种比较高明的办法。

我们的祖先告诉我们：制定法律法规及相关的约束性规定，一定要与大家的切身利益相关联。有些强制性的要求和规定，不仅不能引起老百姓的重视，执行起来也很难收到预期的效果。只有让人们意识到一旦违反相关规定，就会涉及个人以及家族、后代的利益，人们才会更加自觉地遵守法律法规。

古槐母子“合体” 彰显中华孝道

千年古槐并不稀奇，在一棵老槐树树洞里又长出一棵小树，这样的“树中树”全国各地也并不少见，但北京景山公园里有棵蕴含着美好寓意的“槐中槐”则与众不同。

在景山公园永思殿旁，生长着一棵古槐。走近观看，只见古槐母树主干早已朽空，西南侧的树干蜕皮裂开。有趣的是，不知何时，在朽空的树干中又长出了一棵小槐树，形成了“槐中槐”即“怀中抱槐”的独特景观。

母树怀中的小槐树，树干弯折，看上去酷似一头跪乳的羔羊。羔羊跪乳，语出古训《增广贤文》，原文是“羊有跪乳之恩，鸦有反哺之

景山公园的“怀中抱槐”　　　　摄影：武方圆

小槐树干弯折，似“羔羊跪乳”　　　　摄影：武方圆

义”。而更为巧合的是，清乾隆十五年（1750年）所建的永思殿，正是乾隆皇帝为提醒自己要时刻不忘行孝道所建之殿。据《燕都丛考》（清·陈宗蕃）记载：“永思殿，为列代苫庐地。凡临瞻谒日，必于永

思殿传膳，办事，盖孝思不匮意也”。孝思不匮，指对父母行孝道的心思时刻不忘。而殿旁古槐树似乎理解了乾隆皇帝的心意，形成了“槐（怀）中抱槐”的奇特景观，使人一并联想起“跪乳”的孝义。

如今这棵奇特的古槐树在园林绿化部门与古树养护单位的共同呵护下，越发地茁壮繁茂，就如同一位沧桑的历史见证者，静静地守望着古老的景山公园，向游人述说着感恩报恩的孝道文化。

折柳送挚友　枝枝总关情

在我国文化发展史上，一些文人墨客历来就有“折柳送友”的传统。“折柳送友”有两个解释：一是“柳”“留”谐音，赠柳表示留念，一为不忍分别，二为永不忘怀，想把挚友留在身边，不愿挚友离开；另一层意思是柳树与其他树木相比，其特点是对环境适应性强，这正可以拿来祝愿离别的人，到了异地能够很快地融入当地的环境中、一切顺遂。这一说法赋予了“折柳送友”更高的文化品位，同时也体现出朋友间深厚的情感、美好的祝愿。

下面讲几个有关“折柳送友”的故事。

折柳赠别是我国古代旅行习俗的一种，与行人分别，送行者总要折一根柳条赠给远行者。“折柳”一词寓含“挽留惜别”之意。我国“折柳送行”的习俗最早见于《诗经》里的《小雅·采薇》：“昔我往矣，杨柳依依。今我来思，雨雪霏霏”。后有南北朝乐府歌曲《鼓角横吹曲》之《折杨柳歌辞》：“上马不捉鞭，反折杨柳枝。蹀座吹长笛，愁杀行客人”。

唐代几位著名诗人也分别留下了一些有关“折柳”的经典诗句。李白《折杨柳·垂杨拂渌水》中的“攀条折春色，远寄龙庭前”；《宣城送刘副使入秦》中的“无令长相忆，折断绿杨枝”；《春夜洛城闻笛》中的“谁家玉笛暗飞声，散入春风满洛城。此夜曲中闻折柳，何人不起故园情”；还有《忆秦娥·箫声咽》中的“年年柳色，灞陵伤别”，说的是古代长安灞桥两岸，十里长堤，一步一柳，由长安东去的人多到此地惜别，每一年桥边的青青柳色，都映染着灞陵桥上的凄惨离别。白居易《青门柳》云“为近都门多送别，长条折尽减春风”；鱼玄机之《折杨柳》“朝朝送别泣花钿，折尽春风杨柳烟”等。“折柳送别”蕴含着对友人“春常在”的美好祝愿，也寓意行人离别家乡正如离枝的柳条，希望他到新的地方，能很快地生根发芽，好像柳枝随处可活。

但古代众多文人墨客留下的有关“折柳”的诗词中最使人感动的，我认为当属南宋聂胜琼写的《鹧鸪天·寄李之问》了。《全宋词》存其词一首，即：“玉惨花愁出凤城，莲花楼下柳青青。尊前一唱阳关后，别个人人第五程。寻好梦，梦难成，况谁知我此时情。枕前泪共帘前雨，隔个窗儿滴到明”。

品味这些以柳寄情的诗词，可以读到文人墨客的一些情感诉说也能真切地感受到一种人文精神的传承。人的喜怒哀乐、人与人之间的爱恨情愁，是完全可以通过文字的表达，情感的传递，而产生情感共鸣的。一句“玉惨花愁出凤城，莲花楼下柳青青”，就把聂胜琼与李之问分别时依依不舍的心情表达得淋漓尽致，让人不禁赞叹此为赠别词之经典。

在现代，“折柳送别”彰显中华民族的“文化自信”。2022 年 2 月北京举办冬奥会，我们见证了许多感人的瞬间，有运动员夺冠的喜悦时刻，也有作为东道主的我们热情接待外国友人的欢聚时刻……来时迎客松，别时折柳送，2 月 20 日晚北京冬奥会闭幕式上，“折柳寄情”

不仅将中国式的离别浪漫展现得淋漓尽致，更将依依惜别、和平友谊之情传递给了全世界。

北京冬奥会开闭幕式总导演张艺谋在采访中表示，我们选择“折柳寄情”没有表达过多的悲伤，更多的是一种深沉的纪念和一种绿色的希望重新升起。

有很多人称：旷世盛会，精妙绝伦。冰雪记忆，情缘永存。我们还依稀记得2008年北京奥运68位歌手合唱《远方的客人请你留下来》，象征世界民族大融合，2022年北京冬奥会闭幕式“折柳寄情”则继承与发扬了中华民族传统文化，充分体现了中华民族五千年的文化底蕴和文化魅力，向世界展示了中华民族的文化自信。

古树留胜迹　思情代代传

从山西移民到全国各地的人，一问起“问我祖先来何处”？都会异口同声地答道，“山西洪洞大槐树”。可见树木与家国情怀、与个人乡愁联系多么紧密。

据史料记载，元朝末年因战争不断，加之黄河泛滥，蝗灾频频发生，导致中原地区人口急剧减少。元至正十九年（1359年），冀、鲁、豫大饥，通州民刘五杀其子而食之。兵乱水患蝗灾瘟疫相辅而至，百姓非亡即逃，使中原地区人烟稀少，土地荒芜。明朝建立后，各地官吏纷纷向明政府具告各地荒凉情形，中原地区处处“人力不至，久致荒芜，积骸成丘，居民鲜少”。劳动力严重不足，土地大片荒芜，财政收入剧减，直接威胁明王朝统治，就连朱元璋也深知“丧乱之后，中原草莽，人民稀少，所谓田野辟，户口增，此正中原之急务”。

为维护明王朝的封建统治，朱元璋决定采纳重臣提出的移民屯田的战略决策，一场大规模的历经50余载的移民潮就此开始。

要迁移众多人口得从哪个地方着手呢？经过反复调查，发现山西洪洞、运城等地区存在大量人口，可以作为主要的移民输出地。因为那里土壤肥沃，常年风调雨顺，最重要的是在不远的运城南部还有一个巨大的“盐池”（现在位于运城市南1公里、中条山下，涑水河畔。总面积约130平方公里，是我国著名的内陆盐湖，同时也是我国食盐的重要产地，现开发为著名的风景旅游区）。因为自从人类发现“盐”在人们的饮食生活中不可或缺以后，历朝历代的统治者都为争夺这一宝贵资源而战争不断。据说当年黄帝与蚩尤两个部落族群就是为了争夺这个盐池发生了激烈战争，最后蚩尤战败。正是因为洪洞、运城等地区具备上述得天独厚的地理资源和环境气候等优势，才引来全国众多的人口集聚到这里生存繁衍，以致后来造成了人口过剩的局面。

但从这么好的地区向外迁移，老百姓肯定都不愿意，那怎么办呢？朝廷意识到不能采取强硬措施，于是就制定了一些优惠政策，如先迁移的就多给钱、给粮、给牲畜、给粮食种子，后迁移的不但少给，还要实行严厉处罚。为了避免迁徙走的人再偷偷跑回来，当时规定，成建制迁走的村，不允许到迁徙地后再用原来的村名。但为了鼓励搬迁，先搬迁的可以用山西的一个县名命名村名（如现北京大兴区长子营镇的名字就来源于山西省长子县的县名）；同时一家中的几个儿子迁徙后不能在同一个村，也不能姓一个姓。久而久之，一代又一代过去了，人们也就忘记了原来是从山西何地迁走的了。但大家都记住了祖辈说过的当时办理移民迁移手续的地方有个寺庙（实为广济寺，是当时官府设立的移民办事处），但寺庙具体叫什么名字也想不起来了，能想起来的就是寺庙里有棵巨大的槐树（据说此槐栽植于汉朝，现广济寺内的槐树是汉槐死后重新栽植的）。因为槐树全国各地哪里都有，所以后代再问“祖籍在山西哪里”时，就只能都说是山西洪洞大槐树了。

据统计，自明洪武二年（1369 年）至明永乐十五年（1417 年）的近五十年间，山西洪洞共向全国各地迁徙输出人口 18 次。现在全国 20 多个省市有 800 多个姓氏的人是当年从山西洪洞迁往全国各地的。

我国民间广泛流传着这样一首歌谣，“房前种上大槐树，不忘洪洞众先祖。村村槐树连成片，证明同根又同源”。北京大兴《长子营史》记载，“回翟常一个娘，魏梁陈一家人，崇刘顾是一户”。这些史料都佐证了以上历史的真实性。

现在每年到山西洪洞县寻根问祖的人络绎不绝，一棵老槐树，成了自洪洞迁徙走的人永久的乡愁。正所谓，“古树留胜迹，思情代代传”。

“甘棠遗爱”周召公　一心为民受拥戴

“存以甘棠，去而益咏”，此句出自千字文，讲述的是周文王之子、周武王之同父异母兄弟周召伯衷心辅佐周成王并一心为民解忧的故事。

据史料记载，召公主（主政）陕西，召公悉心奉行文王德治思想，办事崇尚简朴之风，他时常巡行乡邑亲自处理民间纠纷。为了“让老百姓少跑路、少花钱、少去到衙门打官司”，周召伯曾在陕西岐山县刘家塬村（也有说是在湖南上甘棠村）甘棠树（杜梨树）下办公断案，决狱治事，教代百姓，讲学论道，宣扬周文王的德政，深得百姓爱戴。后人怀念召公，思其德而爱其树，遂把他在树下断过案的那棵甘棠树保护起来，不许任何人砍伐损坏。周召公虽然离开了，但他的精神永远被后人传颂，这便是“存以甘棠，去而益咏”的具体含义。

另据《史记索隐》载，“召者，畿内采邑，奭始食于召，故曰召公”。邑志载，“召亭去城八里，士人谓至今有召伯甘棠树……召公之明德远矣，爰绘此图以志景仰”。为纪念召公，后人在甘棠树旁修建召公祠，祠内存有慈禧太后题词、光绪皇帝御赐的“甘棠遗爱”匾额一块，这也是成语“甘棠遗爱”典故的由来。

周公一心为民解忧的故事，至今仍有重要的教育意义。想人民之所想，急人民之所急，充分理解“江山就是人民，人民就是江山”的真正含义，执政为民，才能受人民爱戴。

做人要有铮铮骨 为树当学“松竹梅”

中国古代文人喜爱借物抒情，即以自然物来表现自己的理想品格和对精神境界的追求。坚忍不拔的青松，挺拔多姿的翠竹，傲雪报春的冬梅，它们虽系不同科属，却都有不畏严霜的高洁风格。它们在岁寒中同生，历来被古今文人们所敬慕，而誉为“岁寒三友”。

《论语·子罕》中子曰：“岁寒，然后知松柏之后凋也”。这句话的意思是：到了一年中最寒冷的季节，方知松树和柏树是最后凋谢的，它道出了真正高尚的品格，经得住严酷的考验。

松：松枝傲骨峥嵘，柏树庄重肃穆，且四季常青，历严冬而不衰。苍翠遒劲、生命力顽强，给人以阳刚坚毅之感。经过多年的文化积淀，松，已然成了高贵、坚贞、长生的代名词。

竹：古人常以“玉可碎而不可改其白，竹可焚而不可毁其节”来比喻人的气节。竹象征宁折不屈，高雅、纯洁、虚心、有气节，周天侯的《颂竹》“苦节凭自珍，雨过更无尘。岁寒论君子，碧绿织新春”便是它的写照。古今庭园几乎无园不竹，居而有竹，则幽篁拂窗，清气满院；竹影婆娑，姿态入画，碧叶经冬不凋，清秀而又潇洒。古往今来，“不可一日无此君”已成了众多文人雅士的偏好。

梅花：中国传统十大名花之一，姿、色、香、韵俱佳。宋人林和靖的诗句“疏影横斜水清浅，暗香浮动月黄昏”，将梅花的姿容、神韵描绘得淋漓尽致。漫天飞雪之际，独有梅花笑傲严寒，破蕊怒放，这是何等的可爱、可贵。梅花也象征人卓尔不群，超凡脱俗的品格。

甘作忠臣不二主　誓死不当亡国奴

人们都知道“苏武牧羊”的故事。那是在天汉元年即公元前 100 年，汉武帝派苏武持汉节到匈奴，护送被扣留在汉的匈奴使者。但匈奴单于因人挑拨反而又扣押了苏武，想让其臣服于他。虽然用尽酷刑，苏武也未屈服，最后被单于流放到北海边（相当于现在的贝加尔湖）放羊，并说等羊生下小羊羔后再放他回中原，另一边对汉武帝谎称苏武已死。苏武在匈奴整整滞留了 19 年，吃尽了万般苦。出使时苏武刚刚 40 岁，而回到汉朝时，已年近花甲，头发、胡子全都白了。苏武回到长安时，也没忘记拿着那支已经掉光了毛的汉节。人们无不感动，都称赞苏武是真正的大丈夫。为了表示对苏武坚贞不屈精神的崇敬与怀念，现在有些地区如内蒙古的一些地区，还有把一棵枯树当作他们的图腾以示崇拜苏武甘作忠臣不事二主，誓死不当亡国奴之意。

第六章　名人名胜篇

我国保留至今的古树名木中有很多是与历史名人有着千丝万缕的联系的。历史名人有历代帝王、有民族英雄等，在他们身上所发生的故事，至今还激励着我们要爱国、爱护生态环境；在神州大地上，分布着众多的名胜古迹，它们因古树而享誉国内外，古树因其独有的灵性赋予名胜古迹独特的魅力。

树木与名人　知古方晓今

自从 4000 多年以前的黄帝植柏于今陕西黄陵县轩辕庙（传说），孔子植柏于山东曲阜孔庙、汉武帝植柏于今山东泰山岱庙汉柏院（尚存 5 棵），到苏轼植槐树于今河北省定州市文庙（尚存 2 棵），文天祥植枣树于今北京市东城区文天祥祠，以及林则徐植桂花树于今福建福州市西湖桂斋、孙中山植酸豆树于广东中山市翠亨村……我国历代确有植树的优良传统。每当看到古人亲手种植的树木，便会引发我们的无限遐想和对他们的敬仰。

人文初始祖种柏　植树传统传万代

轩辕柏位于陕西省黄陵县轩辕庙中，相传为轩辕黄帝亲手种植。

黄帝姓公孙，名轩辕，号有熊氏。他生活在距今五千年前的氏族部落时期，率领部落打败蚩尤，统一了中原。黄帝时期，创造了文字、衣裳、医学、音律、算数、甲子纪年等人文文化，又倡导人民植桑养蚕，发展农业，开创了华夏文化。黄帝被尊为“人文初祖”。

相传，黄帝定居桥山后，曾遇山洪暴发，人民生命财产遭受巨大损失。他巡查发现，是人们砍光了山上的树木酿成的灾害，于是就动员人民植树造林。轩辕柏就是黄帝亲手种植保留下来的。树旁有牌楼，内嵌一块石碑，上书：“此柏高五十八市尺，下围三十一市尺，上围六市尺，为群柏之冠”，相传距今已 5000 余年。

轩辕柏——相传为黄帝手植柏　摄影：吕顺

古柏为侧柏。它虽历经五十多个世纪的风霜，阅尽人间的沧桑巨变，但仍枝叶繁茂，英姿勃发，伟岸壮观。据近期实测，树高 19.3 米，胸径 1.07 米，冠幅 178 平方米。它集幽、古、奇为一体，凝端庄、凛然、壮美为一身，古柏整体气质展现了似中华儿女一样的憨厚旷达、勤劳朴实的浩然正气。它是我国最古老的柏树，堪称全国的柏树之王，外国友人称它是“世界柏树之父”。

轩辕黄帝是五千年中华文明的开创者，中华儿女对他无比崇敬。因此，黄帝手植柏也就成为黄帝精神的象征。凡是到黄帝陵拜谒的中华儿女，无不在古柏前驻足观瞻，静静深思，一种民族自豪感油然而生。

尊“万世师表”　育“天下桃李”

在山东省曲阜市孔庙大成门石碑东侧，有一棵圆柏（桧柏），树旁立“先师手植桧”石碑，是明万历二十八年（1600 年）所立，由关西杨光训书写。树的根茎部高出地面 0.55 米，树径 0.67 米，树高达 20.57 米。如今，树冠依然如帷盖。相传，此树由我国古代著名的思想家、政治家、教育家，儒家学派的创始人孔子亲手种植。睹物思人，看到“万世师表”的手植柏，我们仿佛看到了当年在孔庙孔子“教书育人”的胜景。

据考证，此树多次死而复生。晋永嘉三年（309 年），唐乾封二年（667 年），金贞祐二年（1214 年），明弘治十二年（1499 年），多次枯死；隋大业十三年（617 年），宋康定元年（1040 年），元至元三十一年（1294 年）间，又多次萌生新芽。今存的树桩是清雍正二年（1724 年）被火烧后的遗根，树旁新生的桧树，是清雍正十二年（1734 年）复生的幼树长成。此树屡遭磨难，却大难不死，人们把它看作孔子思想的象征，“此桧日茂则孔氏日兴”。

旧有宋代书法家米芾撰写《孔圣手植桧赞碑》立于树旁，现存孔庙东庑。明清多有文人墨客以孔子手植桧为题吟诗赞颂。如明人钟羽正在《孔庙手植桧歌》中赞叹道："冰霜剥落操尤坚，雷电凭陵节不改"；如清施闰章在《夫子手植桧》中颂扬："灵桧无枝叶，虬龙百尺长。何人见荣落，终古一青苍。元气收东岳，孤根接大荒。迟回思手泽，俯仰愧登堂"。

岳宗泰岱　封禅植柏

位于山东省泰山脚下的岱庙，是泰山最大、最宏伟的古建筑群，它与北京的故宫、曲阜的孔庙并称为我国古代三大宫殿式建筑群。岱庙是过去历代帝王举行封禅大典的地方。

据记载，汉武帝刘彻，曾多次登封泰山，并号召广植树木，开泰山植树之先河。郦道元《水经注》引《从征记》云："泰山有上、中、下三庙，墙阙严整，庙中柏树夹两阶，大二十余围，盖汉武所植也"。泰山的下庙即岱庙。在东岳大帝的太子炳灵王所建的炳灵门内外有5棵侧柏，相传为汉元封元年（前110年）汉武帝刘彻东封泰山时亲手所植，距今已有2100余年的历史。据《泰安县志》记载，"汉柏，在岱庙炳灵宫内，树身扭结上耸，若虬龙蟠旋，苍古葱郁莫可名状"。其中被誉为"汉柏凌寒""挂印封侯""赤眉斧痕"的3棵古柏最为奇特。

汉柏凌寒：汉柏中最著名的就属这棵古柏了。该树位于岱庙汉柏院内西北角，枯枝似龙爪，树形如蛟龙。它原为双干连理，早年曾因火灾，造成西边树干早年已死。但东边树干却以顽强的生命力，自强不息，故誉名"汉柏凌寒"，又名"连理柏"。

乾隆皇帝登泰山时见汉柏寿近两千年，枝叶仍郁郁葱葱，亲绘《御制汉柏之图》刻于石碑上立在树旁，并题诗曰："汉柏曾经手自图，郁葱映照翠荫扶，殿旁亭里相望近，名实宾主谁是乎？”

挂印封侯：该树位于正阳门内路的东侧，主干稍微向南倾斜，在距离地面不远处的一个枝杈上长出一个树瘤，形状酷似一只小猴，小树瘤形成的鼻、眼、嘴、脸等与真的小猴五官也非常相似。而“猴”与“侯”谐音，这不禁让人联想起关云长被曹操封侯的故事。

据说在三国时期，关云长被曹操俘虏以后，曹操以侯王加封收买，但关云长重义气，拒绝封侯，之后将印挂在树上一走了之。后人根据这个故事，便给该古柏其取名为“挂印封侯”，寄寓情操高尚之意。这是大自然的造化抑或某种机缘的巧合，才形成如此奇景与故事的巧妙契合。

赤眉斧痕：该树与“汉柏凌寒”相邻，在其主干下部，有部分树皮缺失。传说西汉末年农民起义军“赤眉军”驻扎泰山时，不知是出于对汉庭的仇恨还是苦于木材的缺乏，便对古柏进行砍伐。还没砍几下，便发现树干流出“血”来，吓得赤眉军士兵立即停止了砍伐，但斧痕却保留了下来。郦道元在《水经注》里也有相关描述，“赤眉军斫一树，见血而止，今斧创犹存”。

力挽狂澜　“植树”情“槐”

在甘肃省甘谷县六峰乡觉皇寺村，有一座远近闻名的古刹兴国寺，寺内现存古槐一棵。相传隋末唐初，李世民在古冀（今甘谷）曾居住一年。为力挽国家于狂澜，救百姓于水火，便在此修建一座寺院，取名“兴国寺”，意在兴国安民，并在寺内亲手种下一棵国槐树，以表达自己远大的报国胸怀。

这棵古槐，现树干基部周长已达 9.2 米，胸径 7.35 米，树高 16

米，虽历经1300多年，但仍枝繁叶茂，长势旺盛，现被誉为“甘谷八景”之一。

兴国寺后人称为“觉皇寺”，该寺所在村也称“觉皇村”。据兴国寺碑文记载，明洪武二十四年（1391年），朱元璋封十八子朱楩为岷王，（朱楩）往岷州（今岷县）就任，经古冀而至圣寺休憩，遂易名“觉皇寺”。

报国无望身先死　刑场叩拜武林城

位于北京市东城区府学胡同63号文丞相祠内的这棵枣树，树高7米，胸径0.68米。据说为文天祥被囚禁期间亲手所植。

文天祥（1236—1283），字宋瑞，又字履善，号文山，江西吉州庐陵人，南宋杰出的民族英雄和爱国诗人。1278年抗元被俘，被囚禁四年，他面对元朝统治者的威逼利诱、酷刑折磨，始终不屈，于1283年从容就义，年仅47岁。他创作的《过零丁洋》《正气歌》等表达心

据传文天祥被关押时所植的枣树

志的诗篇成为千古绝唱，为后人传诵。相传文天祥就义前向南而拜（南宋国都杭州当年又称“武林城”），作有“南望九原何处是？尘沙暗澹路茫茫”的诗句。

今天，这棵枣树，似乎树随人意，其主干亦向南倾斜，与地面约成45度角，各个新枝昂头挺胸，且从不生虫。它似乎也默默地表达着与文天祥虽身陷囹圄，却“臣心一片磁针石，不指南方不肯休”和不忘南方故国之情“一身正气凛然天下”一样的英雄气概。

人如其树　树如其人　桀骜不驯　一代伟人

孙中山先生是中国近代史上最早意识到森林的重要意义和倡导植树造林的人，同时也是身体力行亲自带头植树的人。

1893年，孙中山先生在《上李鸿章书》中就提出，中国欲强，须“急兴农学，讲究树艺”。其次，辛亥革命以后，孙中山提出了在中国北部和中部大规模进行植树造林的计划，规划着农业现代化的远景。1924年，他在广州的一次讲演中强调：“我们研究到防止水灾和旱灾的根本方法都是要造森林，要造全国大规模的森林。”此后，他在许多著作和讲演中，反复强调毁林的危害性和植树造林的重要性。孙中山先生不仅在思想上重视植树造林，在行动上也率先垂范。现广东省中山市翠亨村孙中山故居生长着一株酸豆树，就是孙中山先生亲手栽种的。为纪念孙中山先生在加强生态环境建设方面的重要思想及其身体力行的表率作用，我国将3月12日即孙中山先生逝世这一天确定为我国的植树节。

人如其树——性烈傲世无羁，命桀笑对有情。孙中山少时是被人们称为“石头仔”的调皮蛋，曾因反抗邻居“豆腐秀”二子的欺侮而怒砸他家的大铁锅。孙中山 12 岁时被送到美国檀香山学习西方文化和自然科学知识，期间，萌生加入基督教的念头，被信奉关帝和孔孟之礼的哥哥孙眉发现后，将其赶回家乡。青年时期的孙中山闯村庙、砸神像，这一切的反叛行为，为村民所不容，父母又将他送到香港。

现在生长在翠亨村孙中山故居里的这棵酸豆树，树形犹如一条游走的巨龙，主干近地平卧前伸数米，弯曲的树干长出的分枝又如数个龙爪伸向天空，似龙吟似呼啸。这奇特的树形仿佛彰显着孙中山先生桀骜不驯的性格，真是人如其树。

树如其人——狂风摧折再挺，苦雨浸淫更绿。中山先生栽种的酸豆树，历经百余载亦算是历经了一番磨难。前 50 年，风调雨顺，枝繁叶茂，树干挺拔。但因后来遇到一场罕见的特大台风将其刮倒，树枝折断，树干倾斜，一侧树根也被拔出，但庆幸的是主根还牢牢地扎在地下，确保了酸豆树再度焕发生机。孙中山先生几十年的革命生涯，恰如这棵酸豆树，虽几经磨难，屡受挫折，但始终坚守远志，不屈不挠。

伟人感谢友款待　栽下板栗表情怀

伟人毛泽东同志不仅是新中国的缔造者，是人民的大救星，更是人们知恩必报的表率。

这个故事讲述的是毛泽东 1917 年在长沙湖南第一师范学校读书，寒假时到浏阳市文家市镇作社会调查期间，曾经住在同学陈绍常、陈绍休兄弟家十几天。为了感谢陈绍常、陈绍休两兄弟的热心款待，在离开文家市镇的前一天，毛泽东与陈家兄弟一起登上屋后铁炉冲的向阳山，毛泽东说："我们一起栽棵树留个纪念吧！" 于是，毛泽东与陈绍常在山坡林中一株大板栗树下，采了两株板栗幼苗。毛泽东亲自选地、挖坑、浇水，与陈家兄弟一起栽下了这两株友谊树。他还风趣地说：“我们这是前人栽树，后人乘凉啊！”

这两株板栗树，现在已长成参天大树，十分健壮，它们曾目睹1927年9月毛泽东率领秋收起义各路部队来文家市镇集结并挥师湘南的革命壮举，它们也是毛泽东与陈家兄弟建立深厚友谊的最好物证。1967年，湖南省浏阳市人民政府将这两株板栗树列为革命文物树，并设立文物保护碑。1987年，湖南省林业厅将它们列为湖南省重点保护名木。

汉藏和亲事　柳树寄真情

公元7世纪中叶，文成公主远嫁西藏松赞干布，从长安带走柳树苗，亲手种植于拉萨大昭寺周围，借以表达对柳树成荫的故乡的思念。此后，藏族人民因怀念文成公主，十分爱护这些柳树。这些树也被称

布达拉宫公园古柳

布达拉宫公园上空的祥云

为“唐柳”或“公主柳”。“公主柳”在20世纪70年代被毁于大火，仅留下遗迹。

2012年7月我在参观完布达拉宫和大昭寺后，深为文成公主汉藏和亲故事所感动，联想起唐太宗李世民当年说的话，“汉藏和亲，胜抵雄兵十万”。由这句话，我有感而发：

雪域一支鸿雁，
胜抵雄兵十万。
为大唐江山，
汉藏和亲，
独守枯灯肠断。
但为你，
山捧哈达，
甘露洗天。
更为你，

举国称赞，
白云化作菩萨身，
日日与你相伴，
在华夏儿女心中，
你就是民族和亲典范。

在布达拉宫后面的公园里至今还保留着很多棵古柳树，这也足以证明西藏人民对文成公主的热爱和怀念之情。

柿子救天子　登基不忘本

这里讲述的是朱元璋与柿子树的故事。

据《燕京岁时记》载，明代开国皇帝朱元璋少年时家境十分贫困，经常吃不上饭。有一天，已经几天没饭吃的朱元璋走到一个村庄，看到一棵柿子树上挂满的柿子正熟，实在饿极了，就忍不住摘下了一些柿子狼吞虎咽地吃了下去，从而救了他一命。朱元璋为此发誓，有朝一日飞黄腾达的时候，一定要让大家多种果木树。后来，他果真当了皇帝，他没有忘记柿子充饥救他的功劳，于是下令有五亩至十亩地的人，要种柿、核桃、桃、枣树；还下令安徽凤阳、滁县（今滁州市）等地百姓每户种两株柿树，不种者要罚。所以，现在安徽等地广种柿树的风俗与当年朱元璋的号召有着直接的关系。

祖国山河咋绿化　毛主席规划很伟大

“绿化祖国，实行大地园林化”是毛泽东的伟大理想。早在1956

毛泽东号召“绿化祖国”

毛泽东提出“实行大地园林化”号召

年 3 月，毛泽东向全国发出“绿化祖国”的号召，1958 年 8 月，毛泽东在中共中央政治局扩大会议（北戴河会议）上的讲话指出“要使我们的河山全部绿化起来，要达到园林化，到处都很美丽，自然面貌要改变过来”。1959 年 3 月，毛泽东进一步提出“实行大地园林化”的战略构想。1959 年 3 月 27 日，《人民日报》发表名为《向大地园林化前进》的文章。

毛泽东，不仅是一位伟大的政治家、思想家、军事家，同时也是著名的文学家、诗人、词人。从他提出“绿化祖国”，实行大地园林化的号召中就能看出他对生态环境建设的远大理想和期盼，他为我们指明了造林绿化的方向和目标。如今，我们正在接续奋斗，坚定不移地按照这个方向和目标一代一代地努力。发达国家的经验可以借鉴，但决不能“照搬照抄”，要结合我国的国情、民情、气候等实际，有选择地借鉴。造林绿化，要靠大家实实在在地“干出来”。

“两山”理论再光大　祖国神州美如画

“绿水青山就是金山银山”是习近平总书记于2005年8月在浙江湖州安吉县余村考察时提出的科学论断。

“必须牢固树立和践行绿水青山就是金山银山的理念，站在人与自然和谐共生的高度谋划发展。”党的二十大报告对绿色发展等作出具体部署。政府主管部门应积极主动研究，从人民的实际需要出发，做好科学规划，在保护的前提下，进行合理地开发利用，尽快实现山更美、水更清、天更蓝和人与自然和谐共生的宏伟蓝图。

树木与名山　美名天下传

被誉为“天下第一奇山”的黄山，以奇松、怪石、云海、温泉、

黄山迎客松　　摄影：狄瑞云

冬雪“五绝”闻名于世，而人们对黄山奇松，更是情有独钟。

每当人们提起黄山，就一定会想到迎客松，一提到迎客松，也一定会想到黄山。迎客松已经成为黄山奇松的代表，是黄山的名片，“迎客松”现在已与“黄山”齐名。

该迎客松，树高 10 米，胸径 0.64 米，两个主枝向外斜出近 10 米，树龄至少已有 800 年，现长势良好。

关于黄山迎客松，还有一些鲜为人知的故事。据黄山景区有关负责人介绍，迎客松集三个“唯一”于一身。

首先，它是敬爱的周总理曾亲自致电确保其安全的“世界唯一”的一棵松树。1973 年，黄山玉屏楼附近发生大火，周恩来亲自致电黄山管理部门，要求全力保护迎客松的安全。

其次，它是世界上唯一一棵由专人守护的松树。为确保迎客松的安全，黄山景区管理部门，自 1980 年 12 月开始设立迎客松专职护理员（俗称“守松人”）制度。

第三，它是我国唯一一棵于 1990 年被列入“世界遗产名录”的树木。

黄山迎客松除了拥有上面这些光环之外，它还像中国的瓷器一样肩负着这个古老的东方大国对外热情友好的光辉形象。在人民大会堂以及其他一些重要的外交场合，其背景墙多是悬挂着画有迎客松的巨幅画，现在，它不仅是安徽，更是中国的名片之一。

树木与名胜，古树添灵性

没有古树名木的名胜古迹，是缺乏灵性的。

古树名木是一种风景名胜。形象地说，古树是活着的画、凝固的诗，树木遒劲挺拔的躯干，婆娑如盖的枝叶，总让人感到它的坚韧、

北京七王坟　古松

北京昌平　盘龙松

顽强、催人奋进。

古树名木是一种文化。一棵古树就是一个故事，众多古树名木无不与历史名人、重大事件联系在一起，历史的沧海桑田，岁月的风云变幻，时代的更迭印迹都深深烙印在古树的年轮中。

天坛古树群

古树名木是一种财富。它是前人和大自然留给我们的无比宝贵的财富。经受无数次劫掠而生存下来的古树名木，在地球现存最多的绿色植物个体中，可以称得上是“世界冠军”了，它们具有无比强大的抗逆性，它们的基因是生物物种中最优秀的基因。

古树名木是一种灵魂。古往今来，在生存竞争的舞台上，多少生物个体，如匆匆过客。它们的痕迹，或被岁月的激流消磨得无影无踪，或被历史的

天坛古树“树瘤”

沉淀物覆盖在底层。古树则不然，古树是物竞天择的强者，是不屈不挠生命力顽强的象征。

古树名木是一种文物。与秦砖汉瓦、亭台楼阁不同，古树名木是有生命力的活文物。秦砖汉瓦、亭台楼阁可以仿造，但古树名木是无论采取什么技术也无法仿造的。

天坛公园“问天柏”

第七章　民俗文化篇

民俗文化是中国文化中瑰丽的宝藏，传承和保护民俗文化，对延续古典之美、丰富现代人的精神生活有着重要的意义。开展民俗文化活动既能丰富人们的生活，又可增加民族凝聚力，民俗文化具有物质生活价值、精神生活价值和社会生活价值。

民俗文化又称传统文化，是民间民众风俗生活文化的统称，也泛指一个民族、地区聚居的民众所创造、共享、传承的风俗生活习惯。

中国传统文化的基本精神是能够反映民族特征的传统观念和思想意识，是具有民族特征的世界观和人生观。它是中华民族自强不息、前赴后继、英勇顽强形成的精神支柱，是指导人们实践活动的基本精神。

在保护古树名木的实践过程中，我们发现，很多古树都有故事或者传说，也正是因为有这些故事和传说，大量的古树才得以保存下来。正所谓“一棵古树就是一个故事，一个故事保留一棵古树”。

树木与民俗　一个不能少

一棵古树就是一个故事，一个故事代代相传就能保住一棵古树。

在北京乃至全国，各地都有与树木有关的民俗文化。很早以前，有些地区的人，若家里有小孩要降生，家里的老人就会在村子里的一棵古树上系上红布条，以保佑母子平安。这样做其实没有实际作用，仅仅是大家的一种心理期盼；过去在某些地区，若遇到连年灾荒或久旱无雨的年景，当地老百姓也会在古树下烧香敬酒，祈盼风调雨顺。当然，不同的地区保留着不同的风俗习惯，也正是这些不同的民俗文化传承，很多古树也因此而保留了下来。

古树变“神针”　人民不忘恩

在北京市平谷区金海湖镇水峪村北的云祥观（原为水峪村小学）内，生长着 4 棵古树，每棵树的树龄均在 300 年以上。其中在云祥观前院生长有 2 棵国槐，胸径均在 1 米以上；后院还有 1 棵柏树（侧柏）和 1 棵松树，柏树直立生长，而松树则斜向东南。关于这 4 棵古树还有一段有趣的传说。

相传很久很久以前，在天津蓟县（今蓟州市）盘山前大水坑里生长着两只乌龟，据说是东海龙王王宫里的两员大将，因违反天规被贬至此改过自新；同时，在平谷区黄松峪北山有两只老虎，据说是玉皇大帝天宫里的两员大将，也因触犯天规被贬而流放人间。因为它们都出身不俗，各怀绝技，相聚又不远，总想找个机会一比高下。于是，双方商定某年

某月某日在洵河比武。若乌龟胜，老虎就得离开平谷地区，另寻领地，而这样的结果就是平谷盆地将变成一片汪洋，成为水族世界；若老虎胜了，乌龟就得离开现在的大水坑，其结果是平谷大地将变成山峦起伏，虎啸山林地带。但无论谁胜谁败，平谷都将遭受一场劫难。

玉皇大帝得知此事后，为避免“灾难”的发生，就委派一名天将化装成一位老者，来到水峪村制止这场即将发生的“战争”。

这位老者来到平谷后建议在金海湖水峪庄北建一座云祥观，意为“一观镇四兽”。当地老百姓听了老者的建议，立即组织村民建起了云祥观。观刚刚建好，就见老虎从北山下来了，并很快跑到了韩庄村南边的洵河北岸。恰在这时，从南山下来的乌龟，也刚好爬到了水峪村北洵河的南岸。但当它们看到老者时，都立刻认出了他是玉皇大帝身边的大将，当它们再看到新建的道观时，都被震住了。它们顿时明白了如果不好好改过自新，这道观就是“关它们的笼子”，一旦被“关进笼子”，它们将永世不得翻身。此时，老虎已不敢再动，但乌龟还想试探着往前爬。只见老者从身上取出两根神针飞扎在龟背上，乌龟身体迅即不能动弹，可眼珠还一个劲地上下翻转，表示不服。于是老者又在乌龟头上各扎下 1 根定脑针。东边那头龟被针扎得疼痛难忍，不停地摇晃脑袋，扎在头上的针也摇晃歪了。过了一阵儿，两只乌龟被制服了，老虎一看也没敢造次，趴在原地一动不动。就这样，经神仙点化，建观“扎针”，避免了一场“龟虎斗”，挽救了平谷百姓。

以后年深日久，“双虎”变成韩庄东西老虎山（目前在金海湖往北 1 公里的北京市教工疗养院西侧的小山就是东老虎山），“双龟”化作水峪村的东西乌龟山；老者制服乌龟的“4 根神针”则化作了水峪村云祥观里的 4 棵古树，被其中一只乌龟摇晃歪了的那根神针，就是现在树干倾斜、头朝东南的那棵古松。

如今当你来到水峪村，站在南面高山上俯视村两侧的两座小山全貌时，你就能清楚地看到：两座小山平行而立，头朝北尾向南，村民院落居于两山之间和两山北面。在两座小山平行的最高处均为占地面积约 10 亩的“圆顶”，好似人们用圆规画的一般，酷似乌龟的“壳”，上面既平整，土壤又肥沃，村民世代耕作；顺“圆顶”北部向下，山势逐渐走低，仿佛是乌龟的“脖子”伸出一般，有“脖颈”也有“脖梗儿”；更为神奇的是，在两座小山的山脚处，都各矗立着一块高约 4 米、宽 2 米的巨石，酷似两只乌龟的头。其中东侧的巨石“昂头向上”，一副不服的傲气状；西侧山脚的那块巨石则“俯卧向前”，似已“臣服”。

水峪村于 20 世纪 70 年代在两座小山之间修建了一座小水库，仿佛为“两只乌龟”建了个“游泳池”；在距离水库大坝20米远的东侧山脚下有一口四季不涸的泉眼，供全村百姓饮水做饭。时光荏苒，云祥观已从过去的小学校变成了奇石馆，多户农民经营起了特色农家院。只可惜，由于缺乏文物保护意识，东侧的“乌龟脑袋”在20世纪70年代被外来修路的民工推倒了，西侧的“乌龟脑袋”也在农民建房扩院时被破坏了。唯独留下了四根“神针”，即水峪云祥观内的“斜松直柏并肩槐”，四棵古树还静静地守护着水峪村的村民。

“身在曹营心在汉” 忠心报国在心中

骈马山下卧九龙，
叠压盘绕与山同。
腾云驾雾出天阙，
化作天下第一松。

这是我看到九龙松后有感而发写的第一首诗。

九龙松，生长在河北省丰宁县城西北15公里五道营乡黄土山坡下的一条大道旁。相传，该古松树栽植于北宋中期，距今已有一千多年的历史。据史书记载，“纵观六朝风雨，饱经千岁沧桑，树高四米生冠盖，覆地近亩绿云腾，树围三人能合抱，枝分九条若蛟龙”。

九龙松的奇特可概括为以下几点。

其一，名副其实。首先，从树冠整体形状看，酷似一条腾飞的蛟龙，头西尾东，昂头挺胸；其次，其九大主枝相互盘绕，亦似九条蛟龙紧紧缠绕在一起，依附在“母亲的怀抱”里，不离不弃。故被人们称之为“九龙松”可谓名副其实。

其二，称为“天下第一奇松”当之无愧。全国各地被称为“九龙松”的不在少数，如北京戒台寺的九龙松（实为白皮松）仅因树分九个主枝而得名，其形状也与龙的外形相差甚远。此河北九龙松之所以被称为“天下第一奇松”，我认为有三点理由：首先，据资料显示，“一树含九龙”且占地面积在525平方米的古松仅此一例；其次，由皇帝亲笔御书树名的非此树莫属。传说现在树下竖立的石碑上刻的三个字，就是清朝康熙皇帝的御笔；第三，“九龙松”生长的地点位于“五道营”，有“九五之尊”之意，无论是黄山之松、孔府之柏均无出其右。所以，称其为“天下第一奇松”当之无愧。

其三，树形山形相似。九龙松的轮廓、长势非常奇特。从北朝南看，它的轮廓、长势，同前面驸马山的走向完全一样，树冠西高东低；更为奇特的是，此树层次分明，错落有致地分为上下四层，与其相对应的附马山也分为上下四层。树形、山形如此一致恐天下也很难找到第二处，山与树遥相呼应，实乃天地造化的一对尤物。

山、树“同形”九龙松

其四，故事感人。传说金沙滩一战杨家遭受重大伤亡后，杨四郎隐姓埋名，谎称姓木名易假降辽国，被琼娥公主招为驸马，之后帮助六郎打败辽国后回汴京天波府无疾而终。正是“身在曹营心在汉”，忠心报国在心中。

据传，当年杨四郎就是在此山下登上马背，前往辽国的。现在此地还留有当时的上马石，名曰“驸马石”，上面仍清晰地留有四郎的脚印。此山也因此被后人称为“驸马山”。可见，忠烈千秋的杨家将，其荡气回肠的英雄事迹，在中国民间已经被神化了。

因树奇且故事感人，出于对杨四郎忠心报国的敬佩，我有感而发，赋诗两首。

一

九龙松前战火硝，放马中原系大辽。
驸马山下招驸马，忠良之心岂在曹。
驸马石印今尚在，英烈千秋万代效。

天下第一松　九龙松

二

九龙居处祥云飘，历经千载镇外妖。

驸马不忘凯旋日，齐奏凯歌震九霄。

古松变“巨龙”　自此救民生

在北京延庆大庄科镇东二道河村生长着一棵古油松，因枝干相互盘绕，树形酷似“飞龙在天”，故当地老百姓叫它“盘龙松”。民国时期，在天桥的说书场上经常可以听到这棵树的故事。

相传，在很久以前，东二道河村老百姓一直过着十分贫苦的生活。为了让村里人早日过上幸福安康的日子，有人出主意说在村里修个庙，把各路神仙供奉起来，这样大家就能过上好日子了。但是人们凑够钱修好庙后，非但没有幸福，反而来了灾难。村里连续几年大旱，滴雨未见，颗粒无收，民不聊生。尽管庙里香火不断，村里百姓诚心供奉，但仍旧没有改观。就这样，这个村的老百姓不知熬过了多久。后来，也不知过了多少年，一天村里有位老者说他做了个梦，梦见村中的那棵老松树变成了腾飞在天的蛟龙，老者梦里还仿佛听到天空传来蛟龙在说：今后你们要爱护这里

的环境，要多栽树，这样做，这里就风调雨顺，你们也就能过上丰衣足食的生活了。天亮后，这位老者觉得这梦有讲头，径直朝村中的大树跑去。一看，那棵老松树果真变得形似盘龙。也是从那时起，村里人把这棵老松树当成了树神，并纷纷上山植树，从不滥伐树木，自此以后果然过上了幸福安康的日子。

从此这棵树的名字就越传越远，它的故事越传越广，一时名扬京城。这棵树从此被二道河村的老百姓当作“神树”而保存至今。但由于近年来干旱少雨，当年这棵“名噪京城”的“盘龙松”已于2015年前后死亡，仅存枯树树体，实在可惜。也许以后人们只能从当地的传说或从我1995年写的《北京郊区古树名木志》中再去追忆这棵古松树的历史了。

今天，我在这里再次介绍这棵“盘龙松”的故事，就是为了让更多的人知道当年在延庆大庄科乡东二道河村曾经生长着这样一棵古树，它不仅树形奇特，更重要的是它富有深厚的文化内涵，当地百姓也对它有很深的感情。希望相关部门采取保护措施保留它的躯干，以使这个盘龙松的故事继续流传。

善恶终有报　财主遭天报

在北京市延庆区大庄科乡霹破石村流传着这样一个传说。

相传，在清朝年间，山西洪洞大槐树一个姓石的农夫，移民到延庆大庄科乡一个小山村安家落户。石姓农夫吃苦耐劳，落户以后过了不到十年，就成了全村有名的大财主。成为财主以后，他开始剥削村里的老百姓，全村人都对他恨之入骨。过了三年，有一天上午，村里来了一个南方人到石家想要点饭吃，石家不但不给，反而将其痛打了

霹破石东梁木

一顿，南方人生气地走了。等到了中午十二点整，只听村北一声巨响，惊天动地，人们不知出了什么事都跑出去观看，只见村北头的一块大石头，已被劈成了两半。

从此，这个姓石的财主家一天不如一天，慢慢地衰败了。该村也因此改名为“霹破石”并一直沿用至今。

后来村里人在石头上修了一座小庙，取名为真武庙，在这块巨石的石缝里还慢慢长出一株翠绿的小树，据当地老百姓讲，这棵树每年只要一开花，天就会下雨，因此老百姓都称它为“奇树”。此后每年，老百姓都会在开春时，采其嫩叶处理后当茶叶泡水喝，因其嫩叶可以“代茶”，所以当地老百姓又称其为“茶树”。

在 1987 年古树名木普查时，我看到延庆林业局上报的古树树种里有“茶树”，按照常识，茶树应该是南方树种，北方是不会有的。因此我很好奇，特地前往实地调查。经对其树叶的比对，我当时认为该“茶树”是“流苏树”。因为“流苏树”的物候期是每年五月前后开花，也

霹破石现状

正好能赶上雨季，所以百姓认为该树开花时天就会下雨。

后来经过有关专家再次鉴定，认为该树为车梁木，不是流苏树。

2020 年 10 月，我再去探访时，据当地人讲，本村没有姓“石”的人家，只有姓“时”的，且“时”姓人家乐善好施。由此看来，石姓农夫的传说只不过是当地百姓编造的，其目的主要是让人多做善事，乐于助人而已。

20 世纪 90 年代，村民在“霹破石”下种植的松树也已郁郁葱葱，并已成为该村的一个旅游景点。霹破石缝里生长的一株油松，胸径已达 0.03 米，与旁边的车梁木交相辉映，长势良好。

古柏辨忠奸

在封建社会，由于老百姓地位低下，明明知道奸臣当道，却无能为力。因此，很多时候便将希望寄托在其他物体上试图借助它们的力量为民除害。

在北京东城区安定门内国子监街的孔庙大成殿前西侧屹立着一棵巨柏，它就是百姓俗称的“触奸柏”。据说它是元代国子监第一任祭酒（古代官职）许衡所植，距今已有 700 多年的历史。

相传明嘉靖年间，奸相严嵩来孔庙代替皇帝祭孔，路过此柏时，

国子览孔庙“触奸柏”

被其枝干掀掉了乌纱帽。人们认为古柏有知，也痛恨奸臣，说它“严惩奸佞，欲意除之”，所以叫它“触奸柏”或“辨奸柏”。

又传明天启年间，魏忠贤也来此代替皇帝祭孔；当他路过此柏时，忽然狂风大作，古柏上的一根大枝断落，正打中魏忠贤的头，故人们确信此柏可辨忠奸。这些故事，虽为杜撰，但却反映出朴实善良的百姓们的普遍愿望。

七王坟　银杏

银杏与皇权　小人进谗言

在北京市海淀区北安河七王坟（醇亲王坟）墓地院墙外生长着一株古银杏。据传，李莲英当年发现此树后向慈禧太后禀报说：七王坟阴宅里生长着一株银杏树，银杏树下葬亲王，将来必出皇上。因为银杏果即“白果”“白”下边一个“王”正好组成一个“皇”字，这预示着以后七王家将出皇上啊！慈禧听后心想，七王的后代要是出皇上，哪里还有我老佛爷的位置，独揽大权、稳坐江山也就无从谈起了。

于是慈禧立即下令锯掉那棵银杏树。可无论怎么锯树就是锯不倒，而且开始锯时还从锯口处不断往外流血水，众人大惊。慈禧听后又惊又怕，忙下令将银杏树连根拔掉。这还不放心，又命人拉来十多车石灰倒入树坑，然后浇水，就这样几次三番把银杏树活活弄死了。然而，令慈禧意想不到的是，过了几年，在七王坟的墓地院墙外又长出一棵小银杏树，尽管慈禧一万个不愿意，最后还是让光绪皇帝登上了王位。

这个传说听起来虽然有些神奇，但联想起慈禧去世的前一天，光绪皇帝离奇地死亡，从他们两个死亡的时间以及后来对光绪尸体上的头发化验时发现含有“汞”的成分这种情况来看，光绪很可能就是慈禧派人下毒害死的，因为慈禧绝不允许光绪这个改革派的皇帝继续执政，她怕老祖宗创下的家业毁在光绪的手上。

帝王更替事　与树不相干

北京门头沟区的潭柘寺有棵帝王树，关于帝王树，有这样一个传说。

相传，每更换一个朝代，“帝王树”就会从其基部滋生出一棵小的银杏树来。

据《西山名胜记》中记述，“帝王树……言在清代，每一帝王即位，即自根间生一新干，久之与老干渐合，至宣统时，复生一小干，至今仍不发达”。

帝王树　摄影：武方圆

实际上，朝代更替与银杏树萌生新芽没有任何关系。因为了解银杏树生物学特性的人都知道，银杏树本身每隔一定年限就有从根部滋生小树的特性，绝不是因帝王更替才生小树，并且，也没有任何资料能证明新生的小树正好就是帝王更替那年长出来的。如果真的是那样的话，仅清朝就有努尔哈赤、皇太极、顺治、康熙、雍正、乾隆、嘉庆、道光、咸丰、同治、光绪、宣统等12位皇帝，那么复生出来的小树也应该在12棵以上，但现在仅有4棵，况且从它们的粗度看，树龄也没有达到相应的年龄。

另外从《西山名胜记》中的记述来看，“帝王树……言在清代，每一帝王即位，即自根间生一新干”，这里有两个问题，一是朝代更替与帝王继位弄混了。民间传说是每更换朝代就会滋生小树，而不是《西山名胜记》中记述的“每一帝王即位，即自根间生一新干”，这属于概念混淆；二是滋生的起始年代让人怀疑。为什么只从清朝开始每有一位皇帝继位就滋生小树呢？难道在之前的朝代，帝王树就没有滋生小树吗？据记载，帝王树已有 1300 多年的历史，为唐朝时代栽植的树木，后经宋元明等几个朝代，难道这几个朝代它就没有滋生过小树吗？这明显与实际情况不符。

我曾亲自到潭柘寺帝王树下看过，并询问过潭柘寺的工作人员，他们也说这是谣言。工作人员说最近几十年，特别是新中国成立后，帝王树根部的确滋生过小树，且不是一棵，而是好几棵，有的因当年没有对古树设立围栏而被游人踩踏致死了，但绝对不是像《西山名胜记》中记述的那样，每一位皇帝即位，就长一新干。

第八章　民族自豪篇

古树名木资源的数量以及对其的保护程度，很大程度上可以反映一个国家历史是否悠久以及文明程度的高低。

2022 年 9 月，第二次（2015—2021）全国古树名木资源普查结果公布，全国普查范围内的古树名木共 508.19 万株，包括散生 122.13 万株和群状 386.06 万株，分布在城市的有 24.66 万株，分布在乡村的有 483.53 万株。古树名木资源最丰富的省份是云南，超过 100 万株。全国散生古树名木中，数量较多的树种有樟树、柏树、银杏、松树、国槐等，树龄主要集中在 100 至 299 年间，共有 98.75 万株；树龄在 300 至 499 年的有 16.03 万株；树龄在 500 年以上的有 6.82 万株，其中 1000 年以上的古树有 10745 株，5000 年以上的古树有 5 株。据了解，2015 年，全国绿化委员会在全国范围内组织开展了第二次古树名木资源普查，复查范围包括 31 个省（自治区、直辖市）和新疆生产建设兵团，不包括自然保护区和东北、内蒙古、西南、西北国有林区，台湾地区和香港以及澳门特别行政区。

这说明早在 4000 多年前，我国就已经进入了文明时代。从全国各省市古树名木的保护情况来看，目前，有法律保护、划定保护区域、科学管理、公众教育、社区参与、科研与监测、意识倡导等多种方法，这些都是值得骄傲和自豪的。

古都古树古风貌　中华儿女竞自豪

北京是一座有着 3000 多年历史的古都。北京在历史上曾为六朝都城，从燕国起至辽国、金国、元朝、明朝、清朝，建造了许多宏伟壮丽的宫廷建筑，使北京成为中国拥有帝王宫殿、园林、坛庙和陵墓数量最多，内容最丰富的城市。其中北京故宫，又称紫禁城，这里原为明、清两代的皇宫，住过 24 位皇帝，建筑宏伟壮观，完美地体现了中国传统的古典风格，是中国乃至全世界现存最大的宫殿，是中华民族宝贵的文化遗产。

天坛以其布局合理、构筑精妙而扬名中外，是明、清两代皇帝“祭天”“祈谷”的重要场所。天坛始建于明永乐十八年（1420 年），位于正阳门外东侧。坛域北呈圆形，南为方形，象征“天圆地方”。坛内主要建筑有祈年殿、皇乾殿、圜丘、皇穹宇、斋宫、无梁殿、长廊、双

环万寿亭等，有回音壁、三音石、对话石、天心石被称为四大奇观。

1900 年八国联军攻占北京，1901 年英军在天坛驻扎，在圜丘上架炮，文物、祭器被席卷而去，建筑、树木惨遭破坏。1949 年中华人民共和国成立后，政府投入大量的资金，对天坛的文物古迹进行保护和维修，经过多次修缮和大规模绿化，古老的天坛焕然一新。

每当我们走进天坛，在被古人修建如此宏伟的建筑所折服的同时，更为天坛里浓荫如盖的古老松柏所震撼。20 世纪 70 年代初，在这里曾经发生的一件事更让我们中华民族儿女感到骄傲和自豪。1971 年，中美建交前夕，时任美国国务卿基辛格先生秘密访华，在访华期间，日程里有一项就是被安排参观游览天坛。当他参观游览完天坛后感慨地说了这样一段话，依美国的实力，能再造出一个或几个祈年殿这样的建筑，但天坛里众多的古树，无论花多少钱，采用多么先进的科学技术，也是无法仿造的。短短一席话，让每一个中华儿女无不为中华民族的伟大文明而感到骄傲和自豪。

文明不文明　古树来证明

在世界文明的发展史上，中华文明的发展始终就没有中断过。虽然我们遭遇过外敌入侵，但中华民族的“根”始终牢牢置于神州大地，人民勤劳勇敢、宽容克己的传统美德一直没有改变！

看一个国家历史是否悠久、社会是否文明，古树名木的数量及其保护的程度可作为一个重要的参考标准。古树作为一种活的文物，是一个很好的例证。

从4000年前黄帝植柏于今陕西黄陵县轩辕庙，到天坛、地坛、日坛、月坛、景山、北海、颐和园保存的众多古树；从毛泽东发出的“绿化祖国”的号召，到习近平总书记提出的“绿水青山就是金山银山”，充分说明了我国保护环境的优良传统代代传承，这就是中华民族悠久文明的最好证明。

古代帝王也护树　立碑护树有实证

自从有人类以来，历朝历代统治者为了扩大地盘，开疆拓土，可以说战争不断，毁林事件在所难免；统治者地位巩固之后，又大造宫殿，修庙建陵，对一个地区森林的破坏已无以复加。元、明、清三代建都北京以来，修建皇宫御园，大兴土木，致使北京部分地区的森林资源遭到了极大的破坏。顾炎武在《昌平山水记》中曾描述“嘉靖中东山口，有松林，方十数里，无一杂木……今尽矣”，又“大红门以内，苍松翠柏，无虑数十万株，今剪伐尽矣”；《延庆州志》记载，“居庸关……向以林密地阳古不得骋，近来樵采森林渐疏，往来无有阻矣”。

在那个年代，因为科技不发达，还没有现代取暖设备，要解决冬季取暖问题，就只能采取最古老的取暖方式。据有关明宫廷用柴炭方面的史料记载，明宫廷每年用木柴1343余万公斤，红箩炭640余万公斤。康熙也说过明朝宫廷中每年用的马口柴、红箩炭达数千万公斤。并且，明宫廷所用柴炭都是经过严格挑选的，成本极高，往往“十不选一”。由此可见，以上数字并非林木实际损失情况。明代，柴炭的供应，取自昌平的高口、怀柔的黄花城及红螺寺一带。这也说明西山等离紫禁城比较近的地方当时基本已无木可采。

对森林资源造成破坏的另一个原因就是封建统治者的荒淫无度。有的封建统治者凭一时的喜怒就会给森林带来灾难性的破坏。据史料记载，金章宗在昌平驻跸山打猎时，曾采取“下观野燎而猎”的方法，就是放火把森林点燃，让熊熊烈火迫使野兽四散奔逃，然后抓住良机猎取。一旦森林起火，数日不熄，造成森林资源损失惨重。

历代封建统治者是不是只毁林不造林不护林呢？不是。他们在破坏森林而受到大自然的惩罚之后，也开始采取一些积极的行动和措施。

辽代，辽太宗会同五年（942年）诏诸道民种树。

金代，金世宗鼓励人民种植桑枣并严加保护。如金“世宗大定五年十二月，上以京畿两猛安民户不自耕垦，及伐桑枣为薪鬻之”。十九年又“诏亲王公主及势要家，牧畜有犯民桑者，许所属县官立加惩断”。在金代，凡种植桑枣以多植为勤，但最少的也要种植其地十分之三。

明代，定有《明户律》和《明会典》，以保护森林。明世宗嘉靖二十七年（1548年），令于天寿山前后龙脉相关处大书禁地界石，有违禁偷砍树木者，照例问拟斩绞等罪。若只是潜行拾柴拔草，比照家属事例，向发辽东地方充军。

雍正二年谕直隶总督：“……舍旁田畔以及不可耕种之处，量度土宜，种植树木。”

在 1987 年到 1989 年开展的北京市郊区古树名木普查工作中，我发现了三块清朝统治者为保护陵园树木及小西山地区树木所立的石碑。碑文上明确记述了具体的禁止行为和处罚办法，并对当地官员提出了明确的检查监督要求。这三块石碑，可以称得上是北京地区较早的用文字记载的专门为保护森林资源而以法律形式呈现所立的石碑。它对于我们现代人来说，无论是在立法方面，还是在保护森林资源方面，都具有重要的指导意义和教育意义。

京郊现存三块清代保护树木的石碑分别是：第一块，现竖立在昌平区十三陵长陵的龟龙碑亭内，系清顺治十六年（1659 年）十一月十七日为保护诸陵树木所立的石碑。上书：上谕工部　前代陵寝神灵所栖，理应严为守护，朕巡幸畿辅道经昌平，见明朝诸陵殿宇墙垣倾圮已甚，近陵树木多被砍伐，向来守护未周，殊不合理。尔部即将残毁诸处尽行修葺，现存树木，永禁樵采。添设陵户，令其小心看守。责令昌平道官不时严加巡察，尔部仍酌量每年或一次或二次差官查阅，勿致疏虞。特谕钦此。

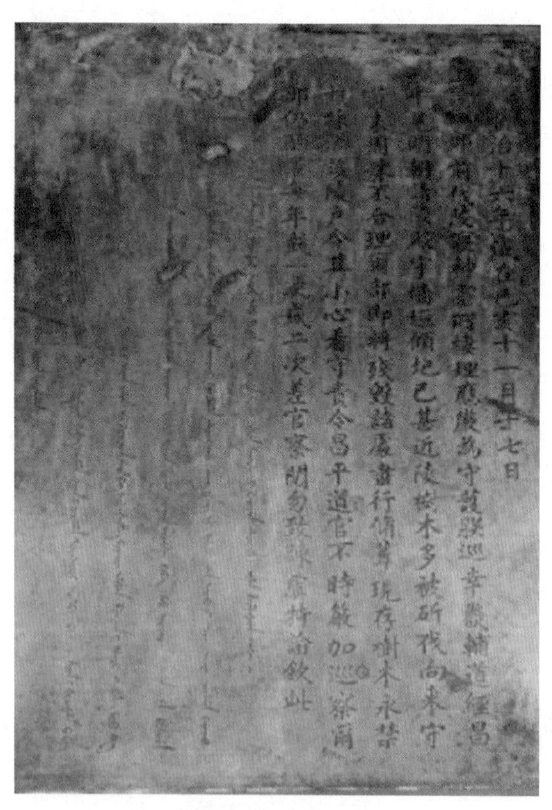

长陵龟龙碑亭石碑

第二块，现竖立在海

北法海寺石碑

淀区香山北法海寺遗址内（现北京市西山林场魏家村分场经营区范围内）。“奉旨示禁碑”正面书：宣徽院为鎔奉敕谕，严禁搅扰以肃善地事，十七年伍月贰拾壹日（1660年5月21日），奉御旨：“着宣徽院官穆成葛，发告示与万安山法海禅寺慧枢和尚处，禁止闲杂人等，不准放牛羊，禁止各处闲杂满汉人等，不许搅扰，钦此”。钦遵合行，传示照得，法海禅寺乃祝国祫岁之处，其附近居民，尤宜处洁崇奉，护持香火土地。来无知棍徒，牧放牲畜，蹂躏田禾，伐树割草，恣意搅扰，实繁有徒，除已往姑不深究外，相应以出示之日为始，严行禁止。为此，示仰西城关外坊官史，及该县地方番甲人等知悉，以后务要拨派乡约总甲各役，不时在彼巡逻，倘若远近一切满汉居民闲杂人等，敢有仍蹈前辙，牧放牛羊，作践山场，砍树割草，践踏田苗，搅扰欺凌者，无论满汉，许该寺住持僧人同地方甲役人等，即时擒获，解赴本院，从重治罪，决不姑贷须至告示者。

第三块，现在北京市昌平区南邵镇何营村北筛海墓地内，系清宣统元年（1909年）为制止一起欲砍伐墓地内古树建学堂而立的。

其中，大明万历四十六年岁次戊午盈秋碑记及清康熙五十二年五月碑记载，何营村北有明代回族筛海方墓一座，当地人称“回祖坟”。“此坟约由明朝修建，至今数百年之久”，“筛海姓伯名哈智，发迹西域，

何营村筛海墓地内明清时期所立石碑

图左为筛海伯哈智墓　图右为筛海伯哈智所骑白驼墓

慕义来朝，我太祖嘉其呈献兵策，赐之官不受，敕建寺宇居之”，“后归昌平，以寿终，吾乡人为之葬于北郘之阳，并其所乘白驼，亦附瘗墓侧”。

清朝宣统元年九月初八碑记和十二月初三碑记记载，清末发生在这里一桩公案：“历代朝臣官衔回民等每年3月24日，远近回民均念厚德，是日上祭游墓，由来已久。唯因此坟地内旧有桧柏大树多株，现有风闻，欲将此坟地树株变段归入学堂充公之用，回民等情难坐视，理合禀恳赏示，禁止砍伐，以存古迹等情”。经过呈禀批示：“为此仰请回民人等，一并知悉，自示之后，所有筛海坟墓前松柏树株，不得妄议砍伐，各宜凛遵，勿违指示”。告示：“坟墓之内松柏等树，候后不许砍伐等事，倘有违者，非是清真正教之人也，公同呈送究办”。宣统元年十二月初三日立的石碑记载，“今查原有先贤伯哈智坟墓一座，随有古墓七座，又有先贤原骑白驼墓一座，俱是砖墓。松柏树 85 株，明朝碑记四统，本朝康熙碑记一统”。现碑文清晰可见，保存完好。原有 85 株松柏皆存，现 29 株已枯死，余 56 株松柏健存。

乾隆皇帝：堤岸种树要科学　筑屋老树勿砍伐

一、乾隆与永定河护堤柳

乾隆皇帝下江南时，看到很多河堤因不牢固而造成洪水泛滥，于是下令负责堤防的人员每年种植 100 株柳树，成活七成以上者奖，乱砍滥伐者罚。皇帝下诏焉有不从？乾隆皇帝回京后于乾隆三十八年

●御题金门闸堤柳诗碑(碑阳录文)

堤柳以护堤，宜内不宜外。内则根盘结，御浪堤弗败。外惟徒饰观，水至堤仍坏。此理本易晓，倒置尚有在。而况其精微，莫解亦奚怪。经过命补植，缓急或少赖。治标兹小助，探源斯岂逮。堤柳一首

癸巳暮春月上澣御笔

金门闸遗址内乾隆“堤柳”石碑

（1773年）就永定河堤防绿化写过一首《堤柳》，诗曰："堤柳以护堤，宜内不宜外。内则根盘结，御浪堤弗败。外惟徒饰观，水至堤乃坏。此理本易晓，倒置尚有在。而况其精微，莫解亦奚怪。经过命补植，缓急或少赖。治标兹小助，探源斯岂逮"。

目前，刻有这首诗的石碑就保留在河北省涿州市东北义和庄乡北蔡村北3.5公里的永定河金门闸遗址的南坝台上。2006年，金门闸遗址被列为第六批全国重点文物保护单位。金门闸遗址现在归涿州市文物保护所管辖，其具体位置在北京市房山区窑上村东与涿州北蔡村交界处。

这首诗给我们两点启示：一是堤岸种树一定要种在大堤内侧，不要种在外侧。种在内侧的好处是，当洪水来临时，树木盘根错节将堤土牢牢固定住，并可直接阻挡巨浪，避免冲毁大堤。如果将树种于大堤外侧，洪水将直接冲击堤岸，其后果就是堤毁树亡；二是乾隆皇帝非常憎恨绿化时搞那些"中看不中用"的"形象工程"。把树种在大堤外侧，是为了好看，即"外惟徒饰观"，但对抵御洪水却起不到实质作用，是"治标不治本"的"面子工程"。"此理本易晓，倒置尚有在"，这么浅显的道理，当今却仍有很多人不明白，本末倒置，这不能不说是一种悲哀。我们不能再等到付出生命的代价后即乾隆皇帝所说的"经过命补植"，再去"亡羊补牢"。

二、乾隆皇帝提倡：建筑房屋勿砍伐原有大树

乾隆皇帝在《就松室》中有这样的说法："古松不可移，筑室就临之"。他说的是建造房屋时不要把老树移走，要依树而建，这样反而更有一番韵味。乾隆皇帝还有很多爱护树木的诗句，但仅从上面这两句，就可得知乾隆帝是懂得"名园易得，古树难求"的道理的，这一点也是值得我们学习的。

近些年来，有些地区绿化时的“大树进城”或“挖移古树进城”的急功近利的做法，是不科学也不可取的。

总理护树民爱戴 所护古树今犹在

一、为保护八角 2 株古银杏，取消一个地铁站

1965 年 7 月，我国第一条地下铁路——北京一号线地铁开始动工。为了保护沿途拟设站点八宝山（今石景山路 5 号 402 医院前）的两棵古银杏树，周恩来总理听取施工设计人员的建议，决定少设一站，从而使两株千年的古银杏树得以保存下来，这充分体现了周恩来总理对古树名木保护工作的高度重视。

二、周恩来总理下令道路改道保护团城古树

1954 年，北京市在拓宽东四至西四的道路时，团城成为障碍，有人主张将其拆毁，专家们纷纷上书反对。当时时任北京市文物局局长的郑振铎同志将这一情况上报给周恩来总理。周总理得知此事后，亲

北海团城及古树群

临团城，察看古建古树情况，最后做出了“道路向南扩宽、保护团城和古树”的指示。幸存的团城已成为北京一处独具特色的旅游景点。如今“遮荫侯”和“白袍将军”（团城上的两棵古树）也因周恩来总理的重视而被保护得昂立于天宇下，阅尽沧桑、历久弥坚。

爱树护树是大爱　民间亦有真情在

在民间也有保护古树名木的感人故事。

一、寺院住持护古柏，感动“范公”献大爱

北京市密云区溪翁庄镇北白岩村小学校院内有一棵古柏，树龄已有四百余年，树高 12.0 米，胸径 1.27 米，树冠东西 15 米、南北 14.5 米，现长势良好。小学校由原宝泉寺改建。

范公柏

据学校内保存的石碑记载，清康熙四十六年（1707 年），太子太保范承勋路过宝泉寺，见树返老还童，诗兴即发，作诗一首，并刻碑留念。碑高 0.5 米，宽 0.9 米，为汉白玉质，今保存尚好。碑文“古柏颂并序”记载：

康熙丁亥（清康熙四十六年，1707 年）夏过宝泉寺（指范承勋），观殿前古柏，爱其郁茂。住持道人杨士品言：“壬申岁（清康熙三十一年，1692

年），此柏榴佛殿亦渐溃圮，后八年寺僧售柏，议值八十金，计为修殿费。士品以数百年物，不忍遽伐，乞僧解议，立愿募财修葺。迨举工，柏复生叶，殿工成而乃郁茂焉。”余闻而异之，夫佛道本空，何有于此树？然以诚应之，移造化之灵。老公说法，天花画下，元焚还华，柏枝向东，此柏复茂；或由行募檀施之诚，如此异应，则无以启善信，故借此为显示也。余非佞佛者，实爱此柏之奇，乃助葺寮舍，为往来憩此地，即纪其事，作古柏颂云。

繄此千古柏，妙色凌青穹，
含吐大法云，卓立化人宫。
石泉滋其根，冰雪坚其中，
具足寿者相，寒燠常葱茏。
既远藤蔓缚，更离荆棘丛，
山岚入荫蔼，宝月照玲珑。
肇立梵宫来，其本日以崇，
人世几代谢，谁能记春冬。
何乃中萎落，八载香色空，
迨兹圮殿新，烟翠复重重。
讵亦抱灵慧，能与佛法通，
显示诸檀施，以报乐善功。
中蕴微妙理，闻测安何穷，
现前未知始，宁复知其终。
或更千载后，化为护法龙，
我今得闻见，快乐生心胸。
抚摩苍藓皮，瞻养清霜容，

纪言做颂已，掷笔啸天风。

九松主人范承勋撰并书

范承勋所撰“古柏颂并序”（碑文）记载了住持道人杨士品劝说寺庙僧人不要砍树卖钱修缮寺庙，并承诺自己去募捐筹钱。杨士品在三百多年前作为一个寺院住持如此爱护古树，他值得我们后人尊敬和学习。范承勋当年路过此地，把这件事情记述下来，让后人得以知晓住持道人杨士品保护古树的故事。

范承勋，字苏公，号眉山，自称九松主人，系清朝康熙年间太傅一等子爵范文程第三子。清康熙三年（1664 年）恩授工部员外郎，康熙三十八年（1699 年）任兵部尚书，康熙三十九年（1700 年）监修高家堰堤工，康熙四十三年（1704 年）加封太子太保。

二、村民集资救古槐，前人恩情莫忘怀

北京市房山区南尚乐乡石窝村有一棵古槐树，一级古树，树高 10 米，胸径 1.3 米，顺治年间栽植。现古树树干中空、树冠偏斜，长势一般。

古树旁边有一碑刻，据碑文记载，此树栽植于顺治十五年（1658 年）二月二日，由善人王迁福、室人周氏花钱六千文买此树（即该古槐）一棵。古槐旁有水井一眼，此井挖于崇祯四年（1631 年）冬十一月，当时植此槐的用意是为食此井水的附近民众遮日所用。

碑文又记载，1941 年 4 月，村公会接到某军来函，催要木材，限日交齐。乡长、村长无奈，想伐此树补交军需，此时食此井水的民众提议，愿由各家担负木材若干补交军需，一是保留古槐，汲水仍可遮日；二是恐破坏此处祥瑞。全体村民纷纷捐木捐款，古树因此得以保存至今。

有句老话叫："前人栽树后人乘凉。"这个故事告诉我们：前人护树，恩莫能忘。

三、"三斗金子"换古柏，美好传说传后代

在北京市平谷区原北独乐河小学古三教寺遗址内有一棵古侧柏，树高15米，胸径0.7米，树龄约500年，一级古树。虽历经战火，屡遭磨难，树势衰弱，仍顽强生长。

据传，古时曾有人想用三斗金子买下此树，盘山一财主得知后，马上赶来劝阻：千万别砍，我出三斗金子，这树算是卖给我了。自此以后，远近村民都知道北独乐河柏树"金不换"的故事了。

新中国成立前，村里有人想把柏树卖掉。一天，想卖树的人领人去放树，锯刚拉破树皮，树液就将锯齿粘住。这时，有人说，锯口流血啦，这树放不得。吓得此人不得不放下锯。由此传说，古柏"放不倒"。如今，北独乐河村村民都视村内古柏为宝物。

这个故事极有可能是民间编造的，但它仍然反映出老百姓的一种精神寄托，正是有了这种寄托和祈盼，民间的众多古树才得以保存下来。也正是因为这些美丽的传说，保护古树的文化传统才得以一代代地传承。

四、村民修路保古树，"油松树王"得保存

北京市海淀区车耳营村村东关帝庙前有一株辽代所植油松，在2018年被选为最美十大树王——"北京油松之王"。这株古油松树干螺旋式向上生长，主干上三大主枝，一个主枝向大道伸延，好像在迎接八方来客，故名"迎客松"。

2015年前后，为了保护这株古油松，该村村民在修建村公路时竟然将原设计的道路位置向南移了十几米，还将树下300多平方米的路面换成了便于古树正常呼吸的透水透气砖，仅此两项，该村修路工程

车耳营村松树王

资金就增加了100多万元。这充分说明保护古树、爱护生态环境的理念在北京已经深入人心，保护古树已成为人们的一种自觉行动。

五、不惜重金改设计，得到社会广赞誉

2020年，国家预建设国道109新线高速公路（北京段），从而实现与河北省张涿高速相连。预计建成之后，109国道新线高速将成为北京西部唯一的进出京高速通道，可有效疏解京藏高速及京港澳高速的交通压力，对促进北京及河北地区的经济发展，特别是带动门头沟旅游经济的发展，具有重要的作用。

然而建设方中铁京西公司在进行征拆清登评估的过程中，却发现齐家庄路段的山坡上有疑似61棵的古柏树群，其中位于高速公路永久占地红线范围内的就有43棵。建设方将这一情况逐级上报，区园林绿化主管部门高度重视，立即报请市园林绿化主管部门。

经古树保护专家现场踏查，依据北京市《古树名木评价标准》，专家们确认61棵侧柏中，有9棵达到一级古树标准，28棵达到二级古树标准。

为此，北京市园林绿化局（首都绿化委员会办公室）、门头沟区委、区政府，区园林绿化局及市交通委等相关部门，召开多次协调会，本着“要为古树让路，全力保护古树资源”的理念，决定依照专家意见按规定流程尽快对侧柏树进行确认定级，并推倒之前采用的路基方案，重新制定高速公路线路改线方案，以避让保护齐家庄路段古柏群。

最后，高速路建设方不惜增加约 1.5 亿元的建设投资，改线增修 290 米下穿隧道，从而实现了对该古侧柏群的整体保护。交通部门所做的这些调整和付出，有力地助推了首都北京古树名木保护管理工作的开展和生态文明建设，得到了社会各界人士的广泛赞誉。

第九章　和平友谊篇

世界上，追求正义的国家或民族无一不向往和平，为了和平，各国各民族之间建立了深厚的友谊。殊不知，树木在促进各民族之间的友谊方面发挥了巨大的作用。

橄榄传和平　《圣经》叙详情

橄榄枝的含义象征和平，追根溯源，还要从《圣经》里面的那个“诺亚方舟”的神话故事说起。远古时的一天，上帝发觉人类的道德意识越来越糟，几乎到了无可救药的地步。于是，决定用洪水把人类全部吞没。但是，上帝想到世界上总得有生物存在，就派使者到人间仔细查访，以便确定准予生存的对象。当使者报告有一对叫诺亚的夫妇道德良好时，上帝就把生的权利赐给他们：事先通知诺亚夫妇，准备好一只方形大木船，备足干粮和水，每种动物都挑选一对载于船上。后来洪水来了，世界上的生物未能避免这场灾难，只有诺亚夫妇的方舟安全漂流。过了很久很久，洪水消退，远处出现了高山、岛屿、空地。诺亚夫妇十分高兴，首先将船上的一对鸽子放飞蓝天，给它们以自由。但过不久，鸽子又飞回来了，并衔着一根翠绿色的橄榄枝，这似乎是带回一个信息：大地恢复生机了，一切都变和平了。此后，橄榄枝就成了“和平”的代名词，鸽子也叫“和平鸽”被人们称作“和平的使者”。在国际交往中，一些国家凡要表示友好愿望时，总有挥动橄榄枝或放飞和平鸽的环节。联合国徽章的设计是一张以北极为中心的世界地图等距离方位投影，由交叉的橄榄枝组成的花环相托。

和平鸽

自古橄榄枝即作为奥林匹克精神的象征，橄榄花环代表人们对实现和平和奥林匹克精神的向往。

周总理的爱民情　引种橄榄系民生

1963 年 12 月 14 日至 1964 年 1 月 10 日，周恩来总理一行先后对地中海沿岸的埃及、叙利亚、阿尔巴尼亚等 6 个油橄榄主要生产国进行了为期 27 天的访问。期间，恰好遇到了正在阿尔巴尼亚考察油橄榄生产和加工技术的中国林业科学院教授徐伟英同志，在听取了她们关于油橄榄可以生产食用油的汇报后，周总理立刻想到引种油橄榄以缓解我国百姓食用油紧张的困难，并立即高兴地接受了时任阿尔巴尼亚部长会议主席谢胡赠送给中国政府的 1 万株油橄榄树苗。

1964 年 3 月 3 日，周总理来到云南海口林场，与阿尔巴尼亚的两位油橄榄专家和当地的少先队员一起栽下了一棵象征中阿友谊的油橄榄树。他叮嘱省里的领导和林场的同志“要像保护四岁的小孩子一样，把油橄榄种好，也要让云南的山山岭岭都绿起来”。这棵树被当地群众亲切地称为“总理树”。周恩来总理的亲切关怀，拉开了我国油橄榄大规模引种和产业化的序幕。

周恩来手植黄缅桂：现代周公　存以“甘棠”

云南省德宏傣族景颇族自治州芒市宾馆，是这座城市接待中外贵宾的地方。宾馆大门前有两株枝叶婆娑、浓荫垂翳的黄缅桂，树上各挂有一块木牌，左边树上木牌写的是：1956 年，中缅两国边民联欢会，周恩来总理植；右边树上木牌则写着：1956 年，中缅两国边民联欢会，缅甸前总理吴巴瑞植。

60 多年过去了，周总理种下的黄缅桂如今已长到 20 多米高，与人腰一般粗。它枝叶繁茂，高大挺拔，翠绿宜人。每年春末至夏，花发万朵，香逸数百米外。芒市宾馆因之生色不少。中外宾客来此，总要驻足观瞻，被人们称之为“甘棠”。1985 年 12 月 18 日，时任中共中央总书记的胡耀邦同志视察德宏，下榻于芒市宾馆，有感于斯，欣然命笔，写下了“友谊之花，香飘万代”的题词。

周总理手植的黄缅桂，是中缅友谊的象征，愿它万古长存，芳华永驻。

翠柏常青今尚在　中柬友谊传万代

在北京市房山区长阳镇广阳大街 6 号天骄俊园小区内，保留着 5 棵桧柏树，它们是 1971 年 11 月 7 日时任国务院总理周恩来、副总理李先念出席“房山县长阳中柬友好人民公社”命名仪式时与西哈努克亲王、宾努首相共同种下的，这 5 株“中柬友谊树”在 20 世纪 80 年代被列为北京市保护“名木”。

房山区原“长阳人民公社”旧址，2008 年改建为天骄俊园小区。

中柬友谊纪念树　摄影：武方圆

小区内的5株友谊树树龄均已超过半个世纪。在常人看来，这不过是5棵普通的柏树而已，有什么理由被列为市保护“名木”呀？但如果你了解当年柬埔寨的那段历史以及我国一直以来对诺罗敦·西哈努克亲王的热情，你就会明白了。

1970年3月18日，柬埔寨发生政变，诺罗敦·西哈努克亲王遭废黜。可以想象，曾经的一国之主在出国访问期间，国内突发政变，有国不能回是什么滋味。在这种情况下，我国以博大的胸怀和坚定正义的立场，毅然接纳了诺罗敦·西哈努克亲王。这一举动不仅让西哈努克亲王万分感动，同时，也向全世界表明了我国的立场，展示了我国应有的正义。

如今，50多年的岁月过去，5株常青柏已从青青幼苗长成了参天大树，愿中柬人民世代友好，友谊长青。

第十章　绿色保护篇

地球是人类赖以生存的家园，自然环境是人类生存的重要条件。如果没有地球，人类是很难生存和繁衍的。但随着人口的迅速增长和科学技术的迅猛发展，工业及生活排放的废弃物不断增多，全球气候不断变暖，大气、水质、土壤污染日益严重，自然生态平衡受到了严重的冲击和破坏。现在人类正面临着自然能源的不断耗竭；水土流失，土地沙漠化也日趋严重，粮食生产和人体健康受到严重威胁，所以，维护生态平衡、保护生态环境是关系到人类生存的根本性问题。

绿色无价宝　生命少不了

分享一篇中国林业网 2018 年发布的森林休闲体验分会的文章《为什么森林对人类那么重要》：

森林是陆地上分布面积最大、组成结构最复杂、生物多样性最为丰富的生态系统，被誉为大自然的总调节器和“地球之肺”，维持着全球的生态平衡。森林具有涵养水源、保持水土、防风固沙、抵御灾害、吸尘杀菌、净化空气、调节气温、改善气候、保护物种、保存基因、固碳释氧等多种生态功能，是维护地球生态安全的重要保障。科学家断言，如果森林从地球上消失，全球 90% 以上的生物将会灭绝，人类

将无法生存。那么森林的功能到底有多强大呢？

森林是“吸尘器”——1公顷松林每年能吸附灰尘68.4吨。林带能在25倍林高范围内明显降低风速。

森林是“制氧厂”——1公顷森林每天消耗1吨二氧化碳，释放0.73吨氧气。这些氧气可供1000人使用一天。

森林是“蓄水池”——1万亩林地的蓄水能力，相当于一个蓄水量100万立方米的水库。

森林是“隔音墙”——40米宽的林带可降低噪声10～15分贝，而超过70分贝的声音对人的脑神经就会造成伤害。

森林是“贮碳库”——森林植物通过光合作用，吸收二氧化碳，放出氧气，把大气中的二氧化碳转化为碳水化合物，以生物量的形式固定贮存下来，这个过程叫碳汇。

森林是“吸毒机”——所有的植物对二氧化硫都有一定的吸收能力，柳杉吸收能力尤为强大，1公顷柳杉每年可吸收720公斤二氧化硫。而垂柳、油茶等植物对氟化物、氯化物有较强的吸收能力。

森林是“调温仪”——森林具有庞大的林冠层，在地表与大气之间形成一个绿色调温器，森林内冬暖夏凉，夜暖昼凉，使林区夏季气温比非林区低 3 ~ 4℃；冬季林区气温比非林区高 1 ~ 2℃。

森林是“养生场”——森林能产生对人体健康十分有利的负氧离子。一般的林子 1 立方厘米空气中至少有 700 个负氧离子，而松柏林可达数万个。森林植物能分泌植物精气——芬多精，可促进免疫蛋白增加，达到抗菌、抗肿瘤、抗炎等生理功效。森林植物还能分泌萜烯、乙醇、有机酸等杀菌素，这些物质能杀死细菌、真菌和原生动物，1 公顷的榉、杨、槐等树木，一昼夜能分泌 30 公斤杀菌素。

上面介绍了森林的具体功能，下面再分析一下一棵树的真正价值到底是多少。

印度加尔各答农业大学达斯教授很早以前曾经做过测算。据他估算，一棵 50 年树龄的树木，其本身的木材按市场上（指当年研究时）

的价值最多值 300 美元，到市场上出售只能卖 50 ~ 125 美元，要知道这大约只有其真正价值的 0.3%，为什么这么说呢？因为一棵树的价值其实至少应该从以下几个方面计算：生产氧气的价值约为 31250 美元；吸收有害气体、防止大气污染的价值大约为 62500 美元；涵养水源约价值为 37500 美元；增加土壤肥力约为 31250 美元；制造蛋白质的价值约为 2500 美元；为牲畜遮风挡雨和提供鸟类筑巢、栖息，促进生物多样性方面，所产生的价值约为 31250 美元。以上六项加起来，总共约为 196250 美元，它还不包括大树每年所结花、果以及木材自身的价值，也不包括美化环境、提供旅游休闲的价值以及相关的文化价值等，更没有将它活到 100 年甚至更长时间所产生的价值计算进去。

既然树木、森林的功能如此强大，树木与我们人类的生产生活相生相伴，那就让我们爱护身边的每一棵树吧！在人生中的一些重要时刻，如果都能亲手种上一棵树，那么，对自己、对家人都有意义，让树木作为我们美好生活的见证并陪伴我们的余生……

树木与毛发　功效一样的

我曾经写过一篇文章，题目是《从人体结构谈地球环境保护》，1999 年投稿国家林业和草原局（原国家林业局）主办的《中国绿色时报》。但因编辑可能没有完全理解文章要表达的意思，抑或稿件内容不太符合该报的办报宗旨，经修改后，改为《天地人》发表。但庆幸的是北京人民广播电台进行了全文播报。之后几年我又投稿《国土绿化》和北京市林业和草原局（原北京市林业局）主办的《绿化与生活》，得以发表。我在文章中详细阐述了人体的经络、穴位、五脏六腑、神经、血管、五官等与地球结构、功效的对照。现在在百度上搜索“从人体结构谈地球环境保护”仍可看到我的那篇文章，在这里我只将树木等绿色植物与人体的毛发做一对比阐述。

我们每个人身体都长有“汗毛和头发”，这些“毛发”的作用就是，热了排汗、冷了保暖，以保持人体的正常体温。我认为，地球上的树木等绿色植物也和人体的毛发一样，它们通过根系从土壤中吸收水分靠蒸腾作用，将地下水蒸发到大气中，遇到冷空气水又以雨、雪、霜、雾、冰雹等形式返回地面，绿色植物作为媒介，实现了地下水和天上水的有效循环，从而有了自然界一年四季不同的“气候”变化。

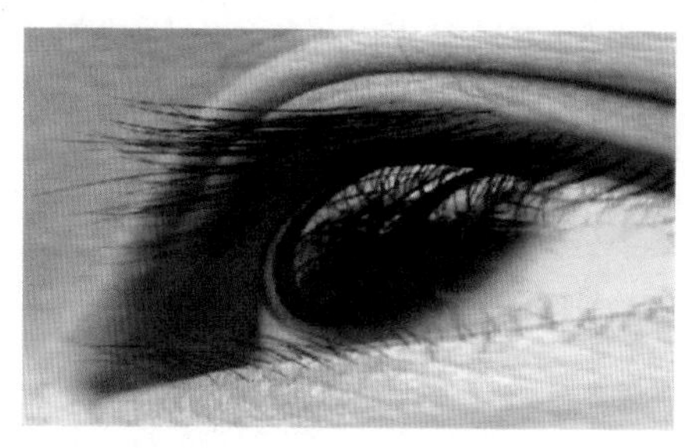

再看看我们每个人，我们的眼睛、鼻孔、耳孔都长有毛发，它们可以阻挡风沙、灰尘进入眼睛、鼻孔和耳朵里，也就是起“防沙防尘”的作用；我们在绿化造林时，在风沙危害区大量植树，其作用也是防风固沙，防止扬沙起尘，所以叫“防风固沙林”。

2015 年 1 月，习近平总书记在云南洱海考察时强调“要把生态环境保护放在更加突出位置，像保护眼睛一样保护生态环境，像对待生命一样对待生态环境”。这充分说明习近平总书记对生态环境保护的高度重视。

树木对于人类如此重要，我们更应该像爱护自己的生命和“毛发”一样，经常给树木“补充营养，除故纳新”，让绿树成荫、枝繁叶茂，与人类共生共存共荣。

构建绿色家园 让绿色成为我们生命的保护神

大家都知道，我们的祖先最早发源于黄河流域，但随着人口不断增长，人类大量地砍伐森林树木，生态环境遭到极大的破坏，水源枯竭，环境污染，会使人类失去生存所必需的条件。当年的楼兰古城那么繁华，罗布泊那么美丽，但由于人类自己无节制地破坏森林树木，最终不得不离开美丽的家园而背井离乡，这是大自然对人类的最直接的惩罚。人类如果浅薄地认为树木仅仅可以为人类提供绿荫、木材，那就大错特错了，它还关系到我们的国土安全。如果不加倍珍惜森林、保护森林、保护生态环境，那人类就是“自掘坟墓”。

当地球上再也没有绿色植物的时候，地下水与天上水也将很难循环，我们人类也将无法生存。

到那时，地球表面将被大面积的沙漠所覆盖。

到那时，我们再明白“破坏森林、破坏自然环境就是人类自掘坟墓”将追悔莫及。

最后用一句话与大家共勉：让生命在绿色中延伸，让绿色成为我们生命的保护神。

下　编

古树保护

第十一章　树木文化的挖掘与创新

纵观人类发展的历史，中华民族众多的优秀传统之所以传承至今，皆因其内在的文化。没有文化这个基因，我们的文化传统也就不会传承至今。中华民族的优良传统如此，生态文化及树木文化也是如此。

古树名木是前人和大自然留给我们的宝贵财富，它历经千百年的风雨沧桑，见证了大自然和人类历史的发展进程，这些"活的文物"是一笔宝贵的财富，我们必须将它们保护好并传承下去，以不愧前人的寄托，无愧后人的期望。

要保护和传承古树文化，首先应知道古树有哪些文化，其次是要知道如何深入挖掘这些文化，最后要知道如何利用这些文化反过来保护好古树名木。

在中华民族数千年的历史长河中，古树文化是随着中国先民们的自然观和审美意识的发展，以及园艺栽培技术等的发展逐渐形成与发展的，古树文化蕴含于历史典籍、神话传说、诗词绘画、人物事迹、文物古迹等方方面面，具有文化考古、历史考证等多重重要价值，需要我们去挖掘、研究和传承发展。

以我多年从事古树名木保护管理工作的实际情况来看，树木文化可以从以下几个方面进行探究。

一、查看碑刻原文

在实际探寻古树名木的历史文化时，首先我们要看古树名木生长地是否保留有过去年代的石碑。如果有，一定要认真仔细阅读碑刻的内容，不能一带而过，或拍张照片一走了之。出现这种问题的原因，一是可能碑文内容晦涩难懂，还有很多生僻字；二是调研者对有些历史知识了解不够，缺乏足够的耐心去翻阅有关资料。可是，调研者应该知道，这些刻在石碑上的内容就是极为珍贵的档案，它比民间百姓的一些言传、文人墨客的诗词歌赋更真实更可信。

因此，每当看到一个文物古迹里保存有过去年代的碑刻时，一定要认真拍照并确保碑刻文字清晰可见。之后，将碑刻文字整理出来，并查阅相关历史资料，核实碑刻内容，最后留存作为档案资料，以便日后详查其历史渊源。

如果没有碑刻，那就进行第二步：走访当地长者。

二、走访当地长者

一般情况下，古树名木生长地的长者，对有关古树的历史传说及当地的文化都是比较了解的。调研者可以走访当地长者向他们了解有关古树的文化渊源以及周边地区的历史传说。在实际工作中，往往会出现不同的人讲述的内容不一样的现象，在这种情况下，本着对历史负责的态度，最好的办法就是把这个村或邻近地区的长者集中起来，召开座谈会，广泛听取每个人的意见，经过讨论最后形成一致意见，避免以偏概全、以讹传讹。

对于一些有着深厚文化底蕴的地区，也可以通过查找当地一些名门望族或大户的族史、藏书资料等，对古树作进一步的了解。

三、查考县志史料

如果古树名木生长地没有关于古树的碑刻遗迹，也无法找到了解古树文化的知情者，可以到当地的区（县）档案馆查考县志。一般情况下，重要的文物古迹，县志都有详细记载。有的地区，还有村史、乡镇史、家族史等资料，这些资料可以帮助了解古树名木的历史文化，所以搜集资料时应给予高度重视。

四、查阅历史典籍

历史典籍包括的内容很多。一般情况下，应包括这个地区的发展史、神话传说，历代文人墨客的游记、画作，文学作品，文物古迹相关历史资料、历史人物事迹介绍，也包括一些考古发现等，这些都具有文化考古、历史考证等多重重要价值，在搜集整理古树名木文化资料时，需要我们认真去挖掘和研究。

五、续写新的传说

如果找不到关于古树名木的历史资料、神话传说，为了保护古树名木，传承古树文化，我们可以将当地或周边地区的传说、故事与古树名木相关联，在不违背史实的情况下，经过适当地加工，使之与古树名木相结合，让人们了解传说故事的同时，加深对古树名木的了解，从而达到保护古树名木的目的。这种方法也是对古树文化的一种“创新”。

我当年编写《北京郊区古树名木志》时就采取了这个办法，并收到了较好的效果。因为历史流传下来的神话传说，也都是前人根据真实故事改编的。我们现在续写一个新的传说，过几十年后，就会流传开来并传承下去。我之所以提出“创新”古树名木文化，赞成用改写的方式，是因为无论是真实存在的故事还是根据民间故事改写的传说，用故事让人们了解古树，其主要目的都是引起人们对古树名木保护的重视，而不是为了制造假说凭空捏造。

重新续写的故事要有一定的事实依据及可信度，要写出与古树名木相关的人与事，不能泛泛而谈。比如说到一个文物古迹里的古树名木时，只介绍了古迹的历史背景和这个古迹里有多少棵古树名木，而古迹的历史与古树名木的文化渊源没有任何关联，这样就不可以。在撰写古树名木的故事，记录与古树名木相关的历史文化时，要让其更有内涵、更有深度，具有一定的可信度以及流传性。

第十二章　古树名木保护管理概要

随着社会的不断发展和人民生活水平的不断提高，保护古树已经成为地方各级人民政府和社会各界达成的普遍共识。但由于我国对古树名木启动全面保护始于20世纪80年代初期，起步较晚，保护措施还不完善。并且，有些不用采取保护措施、仅需要其自然生长的，若“画蛇添足”地加以保护，则会造成“保护性的破坏”；有的本不应定为古树的，比如一些鲜果类经济树种，杨、柳树等速生树种，没有历史、科学价值的树种，如果都盲目地划为古树加以保护，则会造成管理措施无法统一，浪费管理资源。为了确保古树名木保护走上科学规范化的道路，现根据全国古树名木保护的现状，结合我多年来保护管理古树名木的经验，阐述一些自己的心得。

一、保护管理古树名木的手段

实施古树名木保护管理无外乎两种手段，即行政手段和技术手段。

（一）行政手段

1. 明确主管部门

本着政府主导、属地管理、社会参与、科学管护的原则，明确古树名木保护管理主管部门，全面做好古树名木保护管理工作。以北京市为例，北京市各区园林绿化部门负责本行政区域内古树名木的保护管理工作。

2. 明确工作职责

省（市）古树名木主管部门，主要负责有关古树名木保护管理规章、相关的保护管理办法、保护管理规划、养护技术规范等的起草制定工作，组织开展古树名木普查、保护管理情况的监督检查等工作；地、市（县级市）、县级古树名木主管部门，负责组织实施古树名木资源的普查、建档、挂牌工作以及监督指导本行政区域内的古树名木保护、复壮工作；古树名木保护单位，负责按有关规定落实保护管理措施，明确保护管理责任人，确保古树名木健康生长。

3. 建立专业养护队伍

古树名木数量较大的文物古迹保护责任单位，要建立专业养护管理队伍，加强古树名木养护管理技术及相关知识培训，科学开展养护复壮保护工作。

4. 实行智慧化管理

利用现代化手段，对重要古树名木进行 GPS 定位、编制二维码，实现手机扫码了解古树名木相关信息，绘制市区古树名木电子分布图等，从而实现智慧化、信息化管理；

5. 加强执法检查

各级主管部门要开展不同方式的监督检查，如每年 1 ~ 2 次的定期检查或不定期的巡察，以严厉打击破坏古树名木的行为。

6. 开展宣传工作

各级主管部门应充分利用各种宣传手段，如微博、微信、电视访谈、拍摄专题片、现场讲解等，大力宣传保护古树名木的意义，“讲好古树故事”，使保护古树名木成为全社会的自觉行动。

（二）技术手段

技术手段可以比喻为“内科”和“外科”两个方面。

1.“内科”手段

我们把可以增强古树树势、提高古树抗性确保其健康生长的措施，都归结为“内科”手段。具体措施包括地下挖复壮沟浇水施肥、树干输营养液、树冠叶面喷肥以及病虫害防治。对于有条件的地区，必须分期按时对古树浇水施肥；对于重要的古树，一旦发现古树衰弱，但又无水源条件的，应立即对其树干输送营养液，以快速恢复树势；对于古树病虫害的问题，亦必须做到早发现早防治，采取化学防治和生物防治相结合的方式，这是确保古树健康生长的关键手段，必须予以高度重视。

2.“外科”手段

包括对古树名木采取的相关工程保护措施。具体包括堵树洞、修树盘、建围栏、立支撑、做牵引、安装透气透水及避雷装置等措施。

以上保护措施，各省市都有相应的技术规范，各级主管部门及古树保护管理单位仅需因地制宜地采取保护措施即可，切忌因“过度保护”，造成对古树名木自身及其周边环境景观的破坏。

二、目前存在的主要问题

从全国目前古树名木保护管理的情况看，主要存在以下几个方面的问题。

（一）古树名木概念模糊，划定标准不统一

目前，无论是《古树名木保护管理条例》还是《森林法》，一致将

树龄在100年以上的树木定义为古树，但全国各省市对古树名木的分级不统一。全国绿化委员会办公室将古树名木分为三个级别，而有的省市则分为两个级别，并且在树龄分级方面存在不一致的问题。

20世纪80年代，原国家城市建设总局下发的《关于加强城市和风景名胜区古树名木保护管理的意见》中第一次明确古树名木的概念：古树一般指树龄在百年以上的大树；名木指树种稀有、名贵或具有历史价值和纪念意义的树木。但大家一定要看清楚，当时规定的范围是“城市和风景名胜区”，而不是哪一个行政区的全域范围。如果把一个行政区的全域范围都包括进来，那就会有两种结果：一是如果仅以古树树龄作为衡量标准，而没有其他限定条件，各地就很难把握。比如东北的大兴安岭国有林区或者南方的一些自然保护区，有大量树龄超过百年的树木，是否都确定为古树；另外，一些地区有大量的经济树种，如核桃、板栗等干果树种是否也都确定为古树；还有一些没有太大保护价值的速生树种如杨树、柳树等是否也确定为古树？如果都确定为古树，那全国各地的古树数量就会大大增加，这样就会增加很大的管理成本、增加财政负担；二是如果把果树等经济树种划定为古树，就会与实际情况有出入。因为《古树名木保护管理条例》有明确的“禁止擅自采摘果实”的规定，若果树划为古树，真到了果实成熟的时候，是否允许老百姓采摘果实，如果允许采摘，是否有一定限制，如果不允许采摘，怎么给老百姓一个交代。古树禁止擅自采摘果实，一是为了保护古树，防止人为破坏；二是古树果实大多作为研究对象，具有一定的科研价值。因此，必须有一个科学的标准，即具备哪些条件才能确定为古树名木。

古树名木的划定应有科学的标准，个人认为，具有一定历史价值、科研价值和人文价值且树龄超过百年的树木，才能列为古树。而名木，可以按国家原城市建设总局下发的《关于加强城市和风景名胜区古树名木保护管理的意见》规定的标准执行，但对于珍贵稀有的树种，树龄可适当放宽。在实际工作中，不能一概把所有百年以上的树木都列为古树名木，这样是不科学的。

（二）以胸径粗度确定古树名木的级别不科学

按照当年古树普查的相关规定，古树分级理应按树龄进行确定，但在现实工作中，有些古树名木因一时无法确定树龄，被简单地用胸径粗度来分级，特别是在同一个古树群，其树龄本应没有几年的差别，简单地以古树的胸径粗度去衡量，从而划分出两个不同级别的古树。造成这种现象的主要原因是，早年间进行古树名木普查时，曾经有过这样的规定，即不能确定古树准确树龄的，按其胸径粗度确定。

但是，对于一个有着明确记载栽种时间的古树名木，其树龄是很好确定的。比如天坛始建于明永乐十八年（1420 年），按照明清两朝的习惯，在建设一个古建筑群时，为了克服苗木运输和解决适地适树

按粗度确定相邻两株不同级别的古树

问题，一般都会在其建筑群周围建立一个苗圃，这在介绍十三陵历史的史书中就有明确记载（如现在昌平区城关镇有一个叫“松园”的村子，就是以当年建十三陵时旁边苗圃里遗留下来的松树而命名的村名）。因此，可以推断，目前天坛、十三陵等景区内的古树名木树龄与其建设时的年代基本相同。所以，对于基本可以确定古树名木树龄的，还按照树木的胸径去划分级别，显然是错误的。

我们可以结合现实想象一下，一个古建筑群在建成后，一定会有植树绿化等配套设施跟上，在树龄方面，除不同树种（如针叶树、阔叶树）有一定树龄差别外，同一树种一般不会有太大差别。即使有，最多也不会超过几年，这在当时也是不被允许的。对于一个树龄几百年的古树群来说，树龄相差 3 到 5 年，基本上可以划为一个级别。划为两个等级，显然不科学。

（三）同一个古树群，棵棵挂牌意义不大

从实际工作中来看，我认为，对于一个古树群来说，没必要每棵

天坛公园古树群

古树都挂牌。可将古树群的现状、历史及历代保护情况刻于石碑之上以传后世。因为，就保存时间来看，石碑，可以比金属标识牌保存的时间更长。像天坛、地坛、日坛、月坛、景山、北海、颐和园、十三陵、黄帝陵、承德避暑山庄等多处名胜古迹内的古树，不仅数量众多，又集中连片，大家能很明显地就看出是古树，如松树、柏树等，即使不挂牌也会自觉地加以保护，所以建议不用每棵古树都挂牌。

从实地考察的结果来看，同一树种的古树名木虽有不同的二维码，但扫描的结果却只有树高、胸径（胸围）、平均冠幅、生长习性等内容，而关于古树名木的历史文化信息却没有显示。

每棵古树都挂牌还有两个弊端：一是可能会因分级不准引发争议；二是升级工作跟不上，如本该由二级升级为一级的古树因工作量大而导致升级、换牌滞后。具体讲，比如挂牌时一棵古树的树龄是 280 年，过了 20 年后它的树龄就是 300 年了，这时应将它从原来的二级古树升级为一级古树，但在实际工作中更新挂牌的工作还没有及时到位。

一级古树标牌

（四）进一步改进对古树定位并配二维码的信息化工作

近年来，随着“智慧林业”一词的出现，各地为保护古树名木，开始采用 GPS 给一级古树名木定位，并为古树配二维码。但从实际工作情况来看，这样做存在两个问题，一是，对单株古树（指具有一定历史文化价值的特殊古树）进行 GPS 定位有一定意义，但对一个古树群进行逐棵古树定位，意义不大。因为古树群里的古树，多排列规整且距离较近，给每棵古树都定位没有必要。二是，给古树编制的二维码，所含信息内容过于简单，与市民的实际需求有很大差距。有的二维码扫描后只能看到树种、树高、树龄、冠幅、级别、生长地等基本信息，缺少对古树名木的相关历史文化介绍。而且集中连片的同一个树种的每棵古树都有不同的二维码，内容简单、雷同，意义不大。甚至有的古树二维码标注的地理位置明显与实际不符，容易对市民造成误导。我认为，确有历史意义、纪念意义的古树可以配二维码，但必

天坛公园古树群

须增加相关的历史文化信息，让人扫描二维码后，能够对古树名木有更多的了解，看后有所收获。

（五）过度保护，造成了“保护性破坏”

有些古树名木不需要采取任何保护性措施，但也进行了“修树盘、堵树洞、硬支撑、种草坪”等，从而造成了“保护性的破坏”。有些古树已经适应了当地的气候条件，过度采取保护性措施，不仅无法起到保护的作用，反而可能加速它们的衰老和死亡。

有的文物古迹保护单位为了美化古树周围环境，还铺设了草坪。一到夏季，就经常浇水，要知道有些古树喜水，有些古树是不喜水的，有部分古树就是经常浇水沤根而死的。

滥建围栏、树盘和简单粗暴支撑，既破坏景观，又影响古树名木根系生长。在一些著名的文物古迹内可以看到很多古树周围都建起了各种材质的围栏，看上去与古建风格极不相称，既不美观，又影响古

北京中山公园古柏围栏

建文化的整体性；还有一些给古树修建树盘，古树根部本来需要透气，修建树盘后，加厚了根系上部的土层，使得树木根系呼吸困难；再有就是为防止古树名木因自然灾害等原因倾斜、倒塌而造成安全事故，便把游园道路两侧的古树名木简单粗暴地用钢管支撑起来，一棵树有的用钢管 7 ~ 8 根、有的用钢管十几根，严重破坏了名胜古迹的景观，影响了古树名木的后期养护。

古树围栏

若因游客众多而防止踩踏和触摸树干，建议使用与古建整体风格相配的木质或石质围栏，尽量少用或不用金属材料。

古树支撑过多

颐和园昆明湖北岸古树地面防踩踏措施

对古树作支撑，一定要作仿真处理，尽量减少支撑的管件数量，可用一个或两个铁杆按古树倾斜的方向反向固定，之后用尼龙带或尼龙绳吊拉各主枝并对铁杆进行仿真处理。

对于修建树盘，则应依实际情况而定，原则是尽量不建或少建。只有对生长在斜坡水土流失严重或游人多、踩踏严重的古树，可以考虑修建树盘，但树盘高度尽量不要超过古树根迹线。下图是颐和园昆明湖北岸为古柏树新建的保护措施，这个措施既能保护古树，避免被游人踩踏，又使整体景观具有统一性，值得借鉴和推广。

三、保护古树“三原则”

古树名木是自然生态的重要组成部分、是历史文化的重要见证、是科学研究的重要对象，保护好古树名木意义重大。我们应如何保护和利用好古树名木呢？我认为要“讲好古树的故事”，让社会各界充分了解古树文化，使保护古树名木成为公民的一种自觉行动，只有古树名木健康地存在，才有故事可讲；其次就是改善古树周边环境，让其美起来。综上所述，要想保护管理好现有的古树名木，就得让古树“壮起来”“美起来”“活起来”。

让古树“壮起来”，就是让古树健康生长。对古树名木进行地下施肥、叶面喷肥、适时适当浇水等复壮措施，及时采取防治病虫害等保护措施，确保古树名木健康地生长。

让古树“美起来”，就是美化古树的周边环境。一是改善并美化古树名木周边的环境，让它美起来。对影响古树生存的建筑、垃圾等进行清理，绿化美化古树周边环境，增加古树所在景区的相应的配套服务设施；二是对古树实施仿真支撑、堵洞，配以石质或木质围栏（确有必要，再建围栏，不能简单地用铁管或水泥杆支撑），确保支撑架、围栏的风格、材质与文物古迹协调统一；三是能在树上进行隐蔽牵引的，绝不在树下做支撑，以免影响美观或影响人们从树下通行；四是围栏不能简单地用不锈钢或铁质材料，这样既影响景观美，又不利于古树的后期养护；五是非必要不修树盘。因为古树名木在长期的生长过程中，已经适应了当地的自然气候和土壤环境，过多地人为干预，只能造成“保护性破坏”。

让古树“活起来”，就是“讲好古树故事”。探寻古树名木的文化渊源，搜集编写古树故事，组织文学爱好者进行诗歌、散文创作。通过各种百姓喜闻乐见的方式，如举办摄影大赛、组织绘画写生、举办知识竞赛、进行百姓访谈、开办专家讲堂等，通过网络传媒、广播、电视、现场活动等进行大力宣传，讲好古树故事。只有这样，才能“让古树活起来”，才能实现“在保护中利用，在利用中保护”以及“以树育人、以德树人”的目的。

四、古树名木保护技术之改革思路

为了确保古树名木正常生长，我在 1989 年完成对北京市郊区古树名木普查、建档、挂牌工作后，即着手《北京市郊区古树名木养护管理技术规范》起草制定工作。在参照《城市大树移植》中德国的有关养护技术资料后，结合北京市的实际情况，于 1993 年完成养护技术规范的制定工作，经有关部门审核批准后印发各区县执行。后经修订，于 2010 年 12 月发布，2011 年 4 月 10 日实施的《古树名木日常养护管理规范》作为北京市地方标准沿用至今。

需要说明的是，因该养护技术规范制定较早，其中所提技术及使用的保护材料可能已经过时，现可用更加安全有效的技术和科学环保的材料替代。加之规范中缺少每项技术措施的示意图，造成对古树名木保护的理解可能产生偏差，进而出现简单粗暴的支撑方法、乱建围栏和树盘的现象发生。为了防止以上现象继续发生，现将《古树名木日常养护管理规范》中的主要措施结合复壮养护中实际存在的问题，谈谈我的几点建议。

（一）硬支撑

硬支撑是指从地面至古树斜体支撑点使用硬质柱体支撑。

现在绝大部分古树名木保护单位采取的支撑方法多是用金属杆直接支撑树体，为了防止伤害古树，在与树体接触的部分用胶皮垫垫上。殊不知这种方法既影响景观的整体性，又会对古树造成更大的伤害。随着树木逐年生长，N 年以后，被支撑部分的树体会逐渐把支撑点的部分包裹在里面，到时想更换支撑杆都很难进行。

如果古树主体倾斜确有倒伏的风险，确实需要采取支撑措施进行

立杆吊拉枝干法

立杆支撑拉枝法

保护，正确的方法应该为：在树下适合位置固定一根、最多两根支撑杆，对于主干为开放性空洞的，可将支撑杆直接立于古树树洞内并加固地基。支撑杆的高度应略高于树冠，以起到防雷电的作用。后将牵引绳（目前多为钢丝绳，建议逐步改用尼龙绳或尼龙带）的一端固定于支撑杆或主干上，另一端牵引住倾斜的古树主干或较

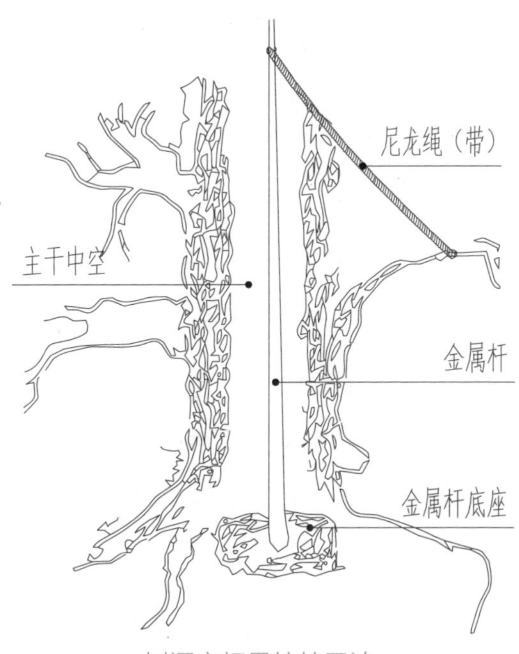

树洞立杆吊拉枝干法

古树支撑的仿真处理

大枝干。

在这里需要强调的是，凡是采取硬支撑的，固定支撑后必须做仿真处理，切忌直接用铁管、钢管、水泥杆简单处理，以免影响景观的整体性。

（二）拉纤

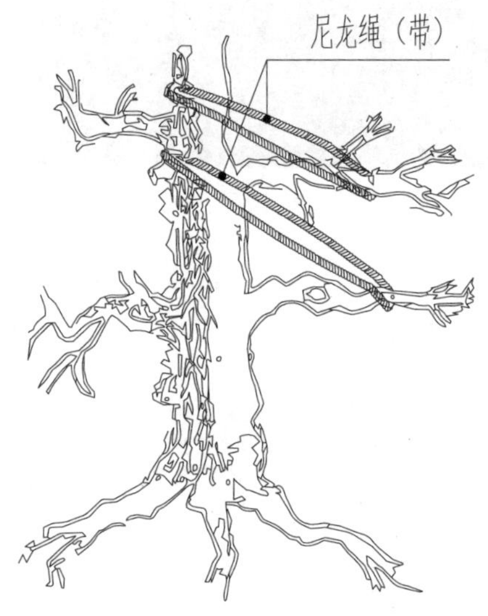

使用尼龙带（绳）吊拉枝干

拉纤即软支撑，是指在主干或大侧枝上选择一牵引点，在附着体上选择另一牵引点，两点之间用弹性材料做牵引的方法。

1. 拉纤材料的选择

随着科技的不断发展，用于拉纤的材料也有了较大的改进。现在市面上可以找到各式各样的尼龙拉纤材料，而且其承载能力也非同一般。其最大的优点：一是具有钢丝绳所不具备的弹性；二是安装方便；三是可以随意更换；四是不会对树体造成任何伤害；五是不会对古树景观造成影响；六是不会影响树下游人的通行。所以，用尼龙绳或尼龙带代替钢丝绳做牵引拉纤材料将是必然趋势。

选择尼龙绳或尼龙带时，需要注意的问题：一是尼龙绳或尼龙带的承重力，即购买拉纤材料时要考虑牵引主枝的最大重量，如大雪压枝的重量；二是拉纤材料的颜色，最好选择暗灰色，尽量与枝干颜色一致；三是材料耐受能力，所选材料可以耐高温、耐低温、抗腐蚀、抗老化；四是根据牵引枝的重量，确定选择尼龙带或尼龙绳中的一种作为拉纤材料，尽量不要混用。

2. 拉纤的具体操作方法

拉纤的方法比硬支撑效果好。当古树名木主干直立未倾斜或根基牢固的，仅有部分主枝下垂并存在一定隐患的，提倡大家尽量采取这个方法：将上面右图吊链固定于古树主干上部，然后分别用所选尼龙绳或尼龙带的一端吊住需要牵引的主枝，另一端与吊链连接固定住即可。

3. 拉纤时的牵引绳松紧度

拉纤时牵引绳的松紧度要适中，不要过紧，也不要过松。具体松紧度要通过一段时间的观察综合决定，主要看主枝在各种天气条件下，包括大风或雨雪天时，枝干上下左右的摇摆幅度来确定拉纤的松紧度。过松，起不到牵引保护的作用；过紧，遇到大风或大雪天气，容易造成树枝折断。在选择拉纤材料时一定要看其弹性大小，不要选择弹性过大或过小的材料。

4. 牵引枝的数量

在确定牵引主枝的数量时，只需对确实存在危险的枝干进行牵引，不能过多，否则既浪费又影响景观。

5. 拉纤的更换

为了解决牵引绳到一定使用年限需要更换的问题，古树名木保护管理部门需要对古树名木建立保护管理档案，记录牵引绳安装和已使用的时间，并坚持每年检查牵引绳的使用情况，以做到根据实际情况随时进行更换。

长期以来，各地用于拉纤的材料多为钢丝绳，安装起来既不方便，也不安全。有的古树保护公司为省事而用金属杆进行简单处理。有的还会以在古树树体上安装螺丝会对树体造成危害为由，不采取拉纤措施，而是采取相对较为简单的支撑方式，这对古树保护是十分不利的。

（三）围栏保护

根系分布区易遭踩踏、主干易受破坏的古树名木都应设置保护围栏，但总的原则是围栏以不建或少建为宜。确需修建围栏的，应坚持如下原则。

与古建筑不协调的金属围栏 1

与古建筑不协调的金属围栏 2

1. 古迹或风景名胜区内，切忌用金属材质的围栏

围栏最好用大理石材质或仿古、防水、防腐的木质材料，围栏款式风格应与古树名木周边景观相协调。

2. 围栏不宜太小或太高

在文物古迹和风景名胜区，古树围栏大小应依树下空间环境而定，高度以 0.4 ~ 0.5 米为宜（可以较好地保护古树的根系部分，又不阻挡游人观赏古树的视线）。围栏太小，起不到保护作用；太高，则有失美观。为防止游人进入围栏，可立警示牌提醒并安

石质围栏与古建筑相得益彰

排工作人员巡护。生长在街道或野外的古树，可视树木周边人流数量、行人对古树的保护意识高低以及交通状况等实际情况确定是否修建围栏。

（四）垒树盘保护

当古树名木处在斜坡之上水土流失严重或其根部周围土壤缺失造成根系裸露时，可采取修建树盘的方式加以保护，修建树盘高度应以与树干基部根际线平齐为宜。若古树名木处于平地或不存在水土流失等情况，即使根系裸露，只要不影响其正常生长，建议不要修建树盘进行保护。

有的古树名木裸露的根系盘根错节，这其实也是一种风景。如果对裸露根系进行消毒防腐处理，然后将裸露根系随形就势围合起来，形成一个根系观赏点，这种方式不仅保护了古树根系，也凸显了古树根系的苍老遒劲之美。如果刻意修建树盘，反而会造成“保护性破坏”。

裸露的古树根系

（五）堵树洞保护

如果古树名木主干上部存在开放性树洞，可采取堵洞保护措施；若不采取堵洞措施，则可以在古树主干基部安装一个导流管，以确保树洞内积水可以及时排出；如果主干是开放性树洞，且树龄较久，则不建议修补，因为即使使用最先进的修补剂，它也会随着树木的生长而开裂，树干活体部分无法用修补剂黏合在一起。如果树洞不深或开裂不大，无伤孔或无须填充堵洞时，只要定期地去腐及涂抹防护剂，就可以保留树洞作景观，供游人观赏。

（六）树干加固或主枝加固

对于古树名木主干或主枝开裂并存在越来越严重趋势的，则应用螺纹杆进行加固，切忌采取“抱箍”方式加固。从实际情况来看，很多古树采取“抱箍”的加固方式，却无人负责“松绑”。有的“抱箍”早已“杀进”树干，时间久了，就会影响整个树体水分和养分的输送，会影响古树生长。如果采用螺纹杆加固的方式，即用螺纹杆贯穿固定树干，虽然对树木主干有所损伤，但仅对树干两侧的韧皮部造成极小

不恰当的古树抱箍

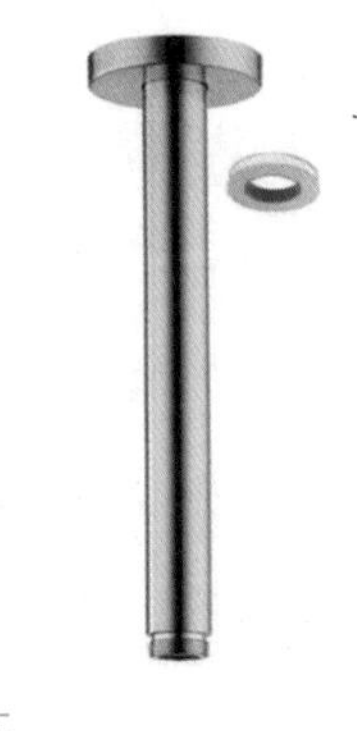
螺纹杆

损害，不会对古树本身造成较大影响，这种方法总比“抱箍”后忘了“松绑”效果好。

（七）地面透气、施肥保护

对处于公园或街心位置等公共场所的古树名木，因游人踩踏或人为干预造成地面土壤板结的，则可采取地面打孔和挖复壮沟的方式进行保护。

复壮沟的数量，原则上散生单株古树可挖 4 ~ 6 条复壮沟，群状古树可在古树之间设置 2 ~ 3 条复壮沟。沟的深度以达到吸收根为宜。复壮沟可与通气管（井）相连接，大小与形状因环境而定，也可根据情况单独竖向埋设通气管。

1. 复壮沟内可根据土壤状况和树木特性添加复壮基质，补充营养元素

复壮基质常采用栎、槲等壳斗科树木的自然落叶，取 60% 腐熟落叶和 40% 半腐熟落叶混合而成，再掺加适量含氮、磷、铁、锌等矿物质营养元素的肥料。

需要注意的是：添加的复壮基质必须粉碎后与腐熟营养肥充分混合后才能施入复壮沟内，以保证树木根系迅速吸收营养，切忌将整捆枝条埋入。另外，复壮沟，不建议一次性挖太多，最好分 3 次进行，每次 1/3，每次间隔 1 ~ 2 年。先对衰弱树冠的枝条投影范围的地面布设复壮沟，之后间隔 1 ~ 2 年再逐步扩展，这样有利于恢复树势。否则，一次性开挖太多，会伤及较多根系，“手术”太大，树体可能“吃不消”，恢复树势也很难立即见效。

2. 复壮沟的一端或中间常设渗水井

井深 1.2 ~ 1.5 米，直径为 1.2 米，井内壁用砖垒砌而成，下部不用水泥勾缝。井口加铁盖。井比复壮沟深 0.3 ~ 0.5 米。

3. 土壤通气措施

（1）埋设通气管：通气管可用直径 0.1 ~ 0.15 米的硬塑料管打孔包棕做成，也可用外径为 0.15 米的塑笼式通气管外包无纺布做成，管高 0.8 ~ 1 米，管口加带孔的铁盖。通气管常埋设在复壮沟的两端，从地表层到地下竖埋。也可以在树冠垂直投影外侧单独打孔竖向埋设通气管，通过通气管可给古树名木浇水灌肥。

（2）通气透水铺装：以烧制的青砖和通气透水效果好的花砖为宜。铺砖时应首先平整地形，注重排水，熟土上加砂垫层，砂垫层上铺设透气砖，砖缝用细砂填满，不得用水泥、石灰勾缝。

（3）地面打孔、挖穴土壤改良技术。①古树树冠下地面全是通透性差的硬铺装，没有树堰或者树堰很小时，应首先拆除古树吸收根分布区内地面硬铺装，在露出的原土面上均匀布点 3 ~ 6 个，钻孔或挖土穴。钻孔直径以 0.1 ~ 0.12 米为宜，深度以 0.8 ~ 1 米为宜；土穴长、宽各以 0.5 ~ 0.6 米为宜，深度以 0.8 ~ 1 米为宜。②孔内填满草炭土和腐熟有机肥；土穴内从底往上并铺两块中空透水砖，砖垒至略高于原土面，土穴内其他空处填入掺有有机质、腐熟有机肥的熟土，填至原土面，然后在整个原土面铺上合适厚度的掺草炭土的湿沙并压实，最后直接铺透气砖并与周边硬铺装地面找平。

（八）枝条整理

1. 整理时期

常绿树枝条整理通常在休眠期进行；落叶树枝条整理通常在落叶

后与新梢萌动之前进行；易伤流、易流胶的树种枝条整理应避开生长季和落叶后伤流盛期；有安全隐患的枯死枝、断枝、劈裂枝应在发现时及时整理。

2. 操作要求

（1）通常采用“三锯下肢法”：在被整理枝条预定切口以外 30 厘米处，第一锯先“向地面”锯，做背口，第二锯再“背地面”锯，锯掉树枝，第三锯再根据枝干大小在皮脊前锯掉，留 0.01 ~ 0.05 米的橛。整理时不要伤及古树干皮，锯口断面平滑，不劈裂，利于排水。锯口直径超过 0.05 米时，应使锯口的上下延伸面呈椭圆形，以便伤口更好愈合。

（2）断枝、劈裂枝整理：折断残留的枝杈上若尚有活枝，应在距断口 0.02 ~ 0.03 米处修剪；若无活枝，直径 0.05 米以下的枝杈则尽量靠近主干或枝干修剪，直径 0.05 米以上的枝杈则在保留树型的基础上于伤口附近适当处理。

（3）创伤面保护处理：所有锯口、劈裂撕裂伤口须首先均匀涂抹消毒剂，如 5% 硫酸铜、季铵铜防腐剂等。消毒剂风干后再均匀涂抹伤口保护剂或愈合敷料，如羊毛脂混合物等。

（九）有害生物防治

根据古树名木周围环境特点、树种、生长状况确定有害生物防治的重点对象，加强有害生物日常监测。提倡以生物防治、物理防治为主的无公害防治方法。具体的病虫害防治方法在这里不再赘述，因为全国各地林业部门都有了非常成熟的经验。

第十三章　古树名木损失计算方法

自20世纪80年代以来，保护古树名木虽然引起了各级政府和社会各界的高度重视，但因工程建设、交通事故等原因造成人为破坏古树名木的现象仍时有发生。对于一般树木的损害，已有明确的法律法规和赔偿标准，但对古树名木的损害赔偿却没有明确的依据和计算标准。

我们常说古树名木是无价之宝，但古树名木一旦遭受破坏，如果不能量化出一个具体的价值数额，那么，法院等司法部门就无法对损害赔偿进行法律裁定。因此，制定一套科学准确的损失计算标准，显得尤为重要。

本章围绕《北京市古树名木损失鉴定标准》，详细介绍该标准制定的思路、过程，旨在让古树名木保护管理主管部门全面了解“如何制定一个科学可操作的古树名木损失评价标准以及古树名木的价值都应考虑哪些主要元素”，明确古树名木损失计算方法，以此为各省市在制定本地古树名木损失鉴定标准时提供一定的参考。

一、《北京市古树名木损失鉴定标准》制定的具体思路

现在北京市《古树名木评价规范》是依据《北京市古树名木损失鉴定标准》完善修订的。20世纪80年代初期，北京市古树名木保护管理工作刚刚起步，在法律法规方面仅有一部依据，即北京市地方性法规《北京市古树名木保护管理暂行办法》，其中对破坏古树名木的行为也仅作了一些原则性规定，如果真的遇到破坏古树名木的行为，如何计算赔偿数额却没有一个科学的计算标准。当时，原北京市园林局曾制定了一个简单易算的古树名木赔偿标准，即阔叶类古树如国槐、银杏等按胸径每厘米50元计算；针叶类古树如油松、柏树等按胸径每厘米60元计算。这个标准按当时的物价水平，计算出的赔偿金额的确不低，但它也有一个明显的弊端，就是不能随着市场物价的变化而变化。市场物价调整甚或变化很大，再按这个标准计算损害赔偿的数额就无法适用了。

经过查阅国内外的相关资料，发现没有现成的标准可以借鉴参照。于是，我参考了《城市大树移植》的相关资料，并根据北京市的实际情况，制定了一套古树名木损害赔偿的计算方法，从而有效地解决了古树名木损害赔偿无据可依的问题。

下面介绍制定过程中的具体思路。

（一）古树名木价值因子的确定

在制定古树名木价值的计算方法时，我将古树名木的价值分为树种价值、长势价值、级别价值、场所价值、寿命价值、美学价值六个方面。但当时我国还没有关于各主要树种寿命的科研资料，所以，在确定古树名木价值时，就没有将“寿命价值”这一项列为价值因子；另外，考虑到审美无统一标准每个人的审美存在较大差异，对“美与

不美”的评判很难把握，所以，我把“美学价值”也剔除了。

最后，结合我国的实际情况，我确定了古树名木的价值包括古树名木的基本价值、级别价值、场所价值和长势价值四项因子。

（二）古树名木价值计算方法

1. 古树的价值计算方法

按照古树名木价值包括的四项因子，古树的基本价值，也称树种价值，是可以通过同类树种的苗木价格计算出来的（后面做详细介绍），但古树的级别价值、场所价值和长势价值就不容易用具体数额表示了。

对于古树的级别价值、场所价值和长势价值该如何衡量、计算呢?

经过思考，我结合现实生活中的一些事例，如同一树种的树生长在城市中心与生长在郊区或农村，其价值就存在着明显的差别；生长在名胜古迹里与生长在郊野的，其价值也有所不同，这都与其生长的场所有关。因生长的场所不同，而具有不同的价值，如果设计不同的调节系数来对应不同的生长场所，也许可以作为场所价值的衡量标准。

对于古树级别和长势的不同，同样可以用这个方法来确定其不同的价值。只要计算出基本价值，即树种价值，再乘以其他三项价值因子的不同调节系数，古树的价值就可以计算出来了。

2. 名木的价值计算方法

对于名木的价值，考虑到名木一般分为“具有历史价值、纪念意义”和“珍贵稀有”两种，其价值计算就与古树价值的计算方法不同了。

在现实生活中，被确定为“纪念树”的，基本上都是由国家领导人或国内外知名人士为了纪念某事件或参加某活动而栽植的树，这些树木基本都有其明确的价格，因此，其基本价值就是苗木价格；对于珍贵稀有的树木，因其树龄较小，胸径不粗，计算其价值也比较容易。

用什么方法可以合理地计算出名木的价值呢?

20 世纪 80 年代初最早出台的《北京市古树名木保护管理暂行办法》中，对名木的价值有“古树名木的价值按一般树木赔偿费的十五至二十倍计算”的明确规定。考虑到“名木”多为纪念某种活动而栽种的“纪念树”或“树龄在 20 年以上的珍贵稀有树木”，树木本身的价值可以按国家统一标准或市场价格计算。因此，以此作为依据，先确定“名木的苗木价格”，再乘以 15 至 20 倍，名木的价值也就显而易见了。考虑到名木的特殊意义及数量稀少的特点，在实际评估其价值时，都按一般树木价值乘以 20 倍计算。

二、古树名木全部损失的确定与计算方法

古树名木受到破坏造成死亡或即将死亡视为全部损失。

（一）确定全部损失的标准

根据实际情况，古树名木遭受破坏，虽然一般都是局部伤害，但对古树名木整体健康的影响有的却已危及树体生命。破坏的当时或一段时间内，可能看不到树体死亡，但过几年后，可能逐渐衰弱直至死亡。因此，根据古树名木树体损害程度量化一个对树体寿命的影响标准就显得尤为重要。

经过对古树名木遭受破坏后生长状况的观察以及根据树木的生物学特性，最后确定以下四个破坏程度视为全部损失标准：古树名木的树干皮层损伤部分超过树干周长 50% 的，视为全部损失；古树名木受伤根系超过全部根系 40% 的，视为全部损失；古树名木的主枝损伤部分超过树冠 50% 的，视为全部损失；古树名木死亡的，视为全部损失。

古树名木全部损失的损害赔偿价值 = 古树名木的基本价值 × 生长

势调整系数 × 树木级别调整系数 × 树木生长场所调整系数＋养护管理实际投入。

（二）古树名木全部损失的计算方法

1. 基本价值（树种价值）的计算方法

基本价值是指抛开古树名木的特殊身份，按照一般树木计算出的价值，这是计算古树价值的基础。

那么，按照一般树木的价格如何计算古树的价值呢?

如果按照同类树种的木材价格计算，那么在全国范围内其价格肯定不尽相同，而且当时国家也没有木材的统一价格标准。即使按照当地木材的价格计算出来一个数额，法院判案也不会采用。于是，想到可以用北京市城建部门当时根据住建部颁发的《北京市建设工程材料预算价格》中各种苗木的价格，推算出“古树名木”的基本价值。因为《北京市建设工程材料预算价格》是向全社会公开的地方标准，用这个标准计算出来的价值，法院是可以作为判案依据的。

在制定古树基本价值计算方法的过程中，我曾经用苗木的胸径平均每厘米的价格作为古树价值的换算标准，但计算出的价格太低，无法体现一棵古树的真正价值。然后，我又采用苗木胸径（或地径，因有些苗木为丛状，没有明显的胸径）横截面积平均每平方厘米的价格对古树价值进行换算，这个计算方法结果比较理想。因此，我选定了这个方案。

即根据古树名木的树种类别，用同类树种苗木胸径或地径处横截面积的每平方厘米价格乘以古树名木胸径或地径处的横截面积，再乘以 15 ~ 20 倍，即得出该古树名木的基本价值，也称之为古树名木的树种价值。

①对于长势不规则的古树名木，计算古树胸径的横截面积按以下

原则：古树名木因故地上主干部分断损缺失，在计算基本价值时，按地径处的横截面积计算；胸径处畸形的树木，在确定其胸径时，可在胸高上下距离相等而形状正常处测两个直径，取其平均值；古树名木胸径处以下分枝或从基部萌生出幼树的，其胸径或地径为各主枝或各萌生幼树与主干胸径或地径之和。

②对于苗木价格的确定原则：有国家有关主管部门公布统一标准的，按国家标准执行；没有国家标准的，按省市标准执行；没有国家和省市标准的，按当地市场价格执行；以上都没有的，按专家评定标准执行。

2. 长势价值调节系数的确定

依据古树名木的长势情况来确定它的价值是很难的。因为有的古树树龄大但却长势差，而其价值不会因其长势差而降低，如黄帝、孔子手植柏，即使长势一般，其价值也远远超过一般长势好的同类古树。但不根据长势确定其价值又很难找到一个科学的算法。最后，我只能按照一般树木长势与其价值的关系来作为确定长势调节系数的依据。

经思考，最后我将长势调节系数确定为：生长正常的古树，调整系数为 1；生长衰弱的古树，调整系数为 0.8；濒危的古树，调整系数为 0.6；已经死亡的古树，调整系数为 0.2。实践证明，这个方法是可行的。

3. 级别价值调节系数的确定

按照 20 世纪 80 年代的古树名木分级情况，北京市将古树名木分为一级和二级两个级别。那么，如何确定不同级别古树名木的调整系数呢？

为了简化计算方法，我确定：一级古树调整系数为 2，二级古树调整系数为 1，名木调整系数为 2 ~ 4，具有特殊历史价值和特别珍贵稀有的古树名木调整系数为 3 ～ 4。这样设定，计算简便又符合实际。

各省市有把古树名木分为 3 级或其他标准的，可根据本地实际情况确定不同的调节系数。

4. 生长场所价值调节系数的确定

树木生长场所（区域）不同，其价值也不同。为此，我根据北京市古树名木生长场所的不同，确定了不同的调节系数。把生长在重要区域的古树调节系数确定为 5，把生长在普通地区的古树调节系数确定为 1.5，具体为远郊野外 1.5，乡村街道 2.0，区县城区 3.0，市区范围 4.0，自然保护区、风景名胜区、森林公园、历史文化街区及历史名园 5.0。

为了证明我所确定的方法和不同的调节系数的科学性，我用几棵古树如银杏、国槐、油松、侧柏等与当时市园林局确定的“阔叶古树胸径每厘米 50 元、针叶古树胸径每厘米 60 元”的标准反复计算比对，再不断地调整不同的调节系数，直到计算的数额与按市园林局的标准计算的数额接近后，才最终确定了不同的价值调节系数。

从以上三个调节系数的确定，大家可能看出了不同：为什么把长势价值的调节系数最高确定为 1，最低确定为 0.2，而场所价值的调节系数最高确定为 5，最低确定为 1.5 呢？主要是因为按照我确定的计算方法计算出的价值数额，要与当年市园林局规定的标准计算的数额接近。如果把长势价值和场所价值的调节系数确定得太高，计算出的数额也会变大，这样的结果，就会导致出现“对古树名木只是轻微的破坏，而赔偿数额却很大的结果，在真正对破坏古树名木的单位或个人实施处罚时，也无法或不能履行赔偿责任”的现象。

这些调节系数，虽然是我根据自己的工作经验并反复思考验算后确定的，没有任何科学资料作为参考依据，但是，经用多个具体古树名木损害案例实际测算应用后，证明是可操作、可行的，而且经过后来近三十年的实践检验，也证明这是一个既简单又科学的鉴定标准。

这个损失鉴定标准，在当时属于全国首例，可以说是填补了国内古树名木损失鉴定标准领域的一项空白。

5. 养护管理实际投入

古树名木一旦遭到破坏，在计算其实际损失时，除了计算其实际损失价值外，多年来古树名木保护管理单位为保护古树所付出的看护、浇水施肥、打药、复壮、修建围栏、垒树盘、设支撑等的实际投入也必须计算在内，否则实际损失价值计算就不够完整全面。

但古树名木保护管理单位的实际投入从何时开始计算呢？

从北京古树名木保护管理的实际情况看，北京市郊区古树名木保护管理工作虽然从 1983 年开始，但当初仅仅是普查登记建档，实质性的保护措施并没有施行。真正采取建围栏、垒树盘、堵树洞、施肥浇水等保护措施，是从 1989 年开始的，当时城区各大公园内的古树名木由园林局负责，在保护管理资金方面园林局相对充足一些。直到 1998 年《北京市古树名木保护管理条例》开始实施后，市财政及区县财政才正式将全市古树名木养护管理纳入支持计划。所以，在计算古树名木养护管理的实际投入时，把时间节点确定为自 1998 年 8 月 1 日起，累计计算的总投入。

三、古树名木局部损失的计算方法

局部损失主要指古树名木的局部损伤。主要发生在树木的根部、树干、树冠主枝。根据局部损失的程度，确定古树名木价值降低的比例。

各局部损失价值降低比例之和上限为 100%。

如建设工程造成古树名木断根、伤枝，交通事故伤害树干等情况，其损失数额 = 古树名木总价值 ×N%。具体计算标准见下表。

受伤部分占树干周长的百分比	整体价值降低（%）	受伤根系占全部根系的百分比	整体价值降低（%）
20	至少 20	20	至少 30
25	40	25	40
30	60	30	60
40	80	35	80
50	100	40	100

以上根据局部损失程度确定古树名木价值降低比例的数值，制定这个标准也没有确切的参考依据。之所以设定如此高的比例数值，主要是考虑古树名木这一“特殊的文物资源”一旦遭到破坏就无法再生的特性，通过提高损害赔偿数额，加大违法成本，进而达到提高全社会保护古树名木意识的目的。

以上是我 1993 年前后制定《北京市古树名木损失鉴定标准》的全过程。希望对其他省市制定相应的损害赔偿标准能够起到一定的参考作用。

目前的《北京市古树名木评价规范》是在《北京市古树名木损失鉴定标准》的基础上进行补充修订后，于 2007 年第一次被列为北京市地方标准。2021 年经再次修改完善后，于 2022 年 3 月 24 日经北京市市场监督管理局发布，于 2022 年 7 月 1 日正式实施。

该标准自制定以来，虽经两次修改，但计算古树名木价值的方法一直没有改变，并一直作为有关部门评估计算古树名木损害赔偿和司法部门法律判决的依据沿用至今。

四、古树名木损失鉴定办法

有了《北京市古树名木损失鉴定标准》，一旦出现损害古树名木的行为，该按什么程序、由哪个部门操作进行处罚还没有具体的实施办法。

由于当时国家尚未出台统一的古树名木损失鉴定法律法规，各省市只能根据各自的情况分别制定。

北京市古树名木保护管理工作起步较早，1983 年市政府按照原国家城市建设总局的文件要求，下发了《关于加强城市和风景名胜区古树名木保护管理的意见》。1986 年市政府颁布《北京市古树名木保护管理暂行办法》，1998 年将其正式修订为《北京市古树名木保护管理条例》。目前，北京市已形成了一套比较完整的保护管理体系，特别是在古树名木损失鉴定方面已经出台了具体的操作办法。为了规范古树名木损害赔偿工作，现将北京市原林业局 2001 年 1 月 1 日制定的《北京市古树名木损失鉴定办法》附录如下，仅供各地制定本地区相关办法时借鉴参考。

附件：

北京市古树名木损失鉴定办法

第一条　根据《北京市古树名木保护管理条例》的有关规定，结合本市实际，制定本办法。

第二条　市、区县林业（农林）局组织古树名木损失认定工作。

第三条　损伤古树名木的赔偿费，由古树名木所有者收取；古树名木所有者收取有困难的，由市、区县林业（农林）局代为收取。

第四条　古树名木损失分为全部损失和局部损失。全部损失按该树价值的全额赔偿，局部损失按损失的程度占该树价值的百分比计算赔偿数额。树干损伤部分超过树干周长的50%或受伤根系40%的，视为全部损失。

第五条　古树名木遭到损伤破坏，其管护责任单位有责任的，除按《北京市古树名木保护管理条例》的有关规定处理外，由市、区县林业（农林）局没收其赔偿费。

第六条　工程建设必须移植古树名木的，按全部损失计算。其移植设计方案要经市、区县林业（农林）局审核同意，施工过程及后期管理由市、区县两级林业主管部门监督执行。移植古树名木所需费用，由工程建设的主管部门或单位支付。

第七条 古树名木死亡的，按全部损失计算。

古树名木管护责任单位发现古树名木死亡，应立即报告乡镇林业工作站。乡镇林业工作站现场核实后，写出书面材料报区县林业（农林）局。区县林业（农林）局现场勘验，组织论证，填写《古树名木死亡鉴定书》，主管领导签字盖章后，上报市林业局。市林业局组织专家对古树名木死亡原因进行审核鉴定，并作出处理决定。

附件：1. 古树名木损失鉴定计算方法的说明（此处略）

2. 古树名木死亡鉴定书（此处略）

第十四章　浅谈如何打造“优质生态产品”

随着我国经济的快速发展和人民生活水平的不断提高，生态环境建设越来越受到全国各级人民政府的重视和社会各界的关注，广大人民群众对生态宜居环境的要求越来越高。2014 年 7 月，时任国务院总理李克强致信生态文明贵阳国际论坛年会，指出“把良好生态环境作为公共产品向全民提供，努力建设一个生态文明的现代化中国”。党的十九大报告进一步提出，“既要创造更多物质财富和精神财富以满足人民日益增长的美好生活需要，也要提供更多优质生态产品以满足人民日益增长的优美生态环境需要”。习近平总书记在党的二十大报告中深刻阐述了中国式现代化五个方面的重要特征，其中之一就是“人与自然和谐共生的现代化”。“建设生态文明是中华民族永续发展的千年大计。必须树立和践行绿水青山就是金山银山的理念，坚持节约资源和保护环境的基本国策，像对待生命一样对待生态环境，统筹山水林田湖草系统治理，实行最严格的生态环境保护制度，形成绿色发展方式和生活方式，坚定走生产发展、生活富裕、生态良好的文明发展道路，建设美丽中国，为人民创造良好生产生活环境，为全球生态安全作出贡献”。

什么是“生态产品”？怎样“把良好生态环境作为公共产品向全民提供”？“提供更多优质生态产品以满足人民日益增长的优美生态环境需要”就是摆在我们园林绿化工作者面前的急需解决的问题。下面就如何打造优质“生态产品”简要谈谈我的一些不成熟的见解。

一、当前园林绿化存在的主要问题

近年来，生态环境建设受到全国各级人民政府的高度重视，在园林绿化行业工作者的辛勤努力下，各地生态环境得到了较好的改善，山青了、水绿了、天蓝了，社会各界人士对生态环境的满意度也在逐年提高。但从目前全国大部分省市造林绿化的情况来看，我认为还存在以下几个问题。

一是功能单一。大部分地区造林绿化工程的实施多是为绿化而绿化，而没有把绿化的成果转化为公共产品，或者说没有把造林绿化作

千万造林

千万造林

林荫大道

为打造“生态产品”来对待，这样，就很容易造成只注重其“生态效益”功能，而忽略其他功能，如生态旅游、生态农业、健身娱乐、文化传承、绿色脱贫等，造林绿化工程的实施功能较单一、不能较好地满足人民群众对绿色生态环境的多样化需求。

二是“千城一面”。目前全国各地无论是城市绿化，还是郊区造林，普遍存在这样的现象，就是一概强调种大树，立地成景，追求城市绿化标准。于是就出现了把山上长得好好的松树、柏树移植下山，有的地区还不惜将古树搬进城这样的现象，这样做的结果，反而会使古树因水土不服而死亡。其实全国的绿化总量并没有增加。一些地区的道路绿化因过分追求城市绿化景观，不种植高大乔木作为行道树，而是做一些微地形，种植一些花草树木，完全失去了道路“林荫化”的作用。我们曾经在 2005 年夏天做过一次林荫化道路、高速路地面温度和车内温度的对比测试。

测试结果是：两种道路地面以上 1 米，温度相差 7.7 度，车内温度相差 11 度。道路缺少大树遮荫，开车就得开空调，这样既浪费能源，又对环境造成一定的污染；既“千城一面”，又不符合绿色环保的理念。

三是缺乏特色。一提绿化，部分专业人士就会强调千万不能栽种纯林，一旦发生病虫害，就会造成毁灭性的灾害。因此就出现了绿化

沙坑造林

要多树种的要求。这样做的确有一定的道理，但却缺少特点，不会给人留下深刻印象。

二、打造优质“生态产品”的对策

（一）要把生态环境当作一种公共产品即“生态产品”来打造

任何产品的生产都必须以是否存在需求为前提，否则，生产出来一批消费者“不需要、不喜欢、用途不大”的产品，那只能是一堆废品，这类“产品”在市场上没有生命力。

“生态产品”是什么？生态产品是指维系生态安全、保障生态调节功能、提供良好人居环境的自然要素，包括清新的空气、清洁的水源和宜人的气候等。我将生态产品的概念概括为：能够满足社会各界需求、确保人类维持良好的生存状态所需要的清新的空气、清洁的水源和宜人气候的绿色产品。

什么样的“生态产品”是消费者需要的优质“生态产品”？我认为就是要为全社会的“消费者”打造出一批布局合理、功能完善、特色突出、惠及民生、具有一定文化内涵的优美宜居的绿色“产品”，它能够满足人民群众对生态环境的多样化需求，这样的“生态产品”就是优质“生态产品”。到底什么样的“生态产品”，才能称之为优质“生态产品”呢？

优质“生态产品”必须满足以下六个方面的要求。

1. 国家的需求

一是国家形象的需求。一个国家拥有森林资源的数量和对森林资源保护的程度，既代表这个国家的形象，也代表这个国家的文明发展程度。森林资源总量越大、保护得越好，就说明这个国家经济发展水

天坛公园古树群

平越高、人民的素质也越高。因此，国家的第一需求就是国家形象的需求。

20世纪70年代初美国前国务卿基辛格博士在参观游览完天坛后曾经这样感慨，依美国的实力，像天坛这样的古建筑群，他们可以仿建若干组，但他们无论花多少钱、采用多么高的科学技术，天坛里的众多古树他们是无法仿造的。基辛格的话虽然不多，但却反映了我们伟大中华民族的文明发展程度，我们为此感到无比骄傲和自豪。

二是国土安全的需求。没有森林作为媒介，内陆水循环系统就会受到影响，特别是对以森林为栖息地的生物影响更大，进而使人类赖以生存的环境受到威胁。中华文明起源于黄河流域，后来随着人口的不断增多，现有土地已不能承载过多的人口，进而过度砍伐森林，造成水土流失严重，贫瘠的土地已不能保证人类的基本生存条件。为了生存，各部落之间为争夺资源而发生战争，最后的结果只能是迁移。

山区造林

城区绿化

我们大家都知道，当年的楼兰古城是多么繁华，因为人类过度破坏森林资源，生态环境遭到极大破坏，水源枯竭，最后古城的人不得不迁移到其他地方生活。所以，森林资源是维护国土安全最重要的生态屏障。

三是城市安全避险的需求。随着城市化建设步伐的不断加快，城市高楼林立，但当这些高楼遇到突发情况，如火灾、地震等，众多的市民往哪里逃，在哪里避险。相关应急及园林绿化部门需要提前做好长期计划及安排，因此，如果在人口居住密集区及城市中心区周边规划建设大面积的森林公园或绿地，并配有应急供电设施、应急水源等，既可以促进生态环境的和谐发展，又可以作为突发自然灾害时的紧急疏散及避险场所。

四是国家重大政治活动的需求。以良好的国家形象迎接四方宾客。从北京奥运会和上海世博会等重大活动及重要赛事对城市绿化、园林规划的重视程度可以看出城市生态、园林景观等对于保持并提升国家

多彩的景观林

生态景观林

形象的重要作用。园林绿化部门应在重大活动之前，做好绿化养护工作预案，按照各级部门的相关要求，做好准备工作及应急响应。

五是良好生态环境的需求。丰富的森林资源以及绿色植物是确保一个地区拥有良好生态环境的重要基础。绿色植物特别是树木可以通过光合作用吸收二氧化碳、释放氧气，涵养水源、保持水土，维持生态平衡，是人类生存不可或缺的重要伙伴。人与自然和谐共生，才能拥有良好的生态环境。

六是国家经济建设的需求。一个国家如果没有了森林资源，一切经济建设全靠进口木材，就会受制于他国，经济建设的成本将无限加大；没有了森林资源，就要花大价钱治理环境，这势必拖累国家经济建设的步伐。因此，丰富的森林资源与国家经济建设相辅相成，互为促进。

2. 社会各界及广大城市居民的需求

要想让社会各界人士热爱绿化、重视绿化，就必须做到让他们充

分享受到绿化成果这个“生态产品”带给他们的好处，也就是以满足人民群众的多样化需求为前提，吸引更多的人热爱绿化、参与绿化并支持绿化事业的发展。园林绿化工作者在造林绿化时要考虑满足以下四点需要。

一是广大城市居民观光、休闲、度假、采摘的需要。在具体造林绿化时，建设一批观光采摘果园，并配备相应的食宿服务设施，达到“留得住、还想来”的目的。

二是市民休闲健身的需要。结合造林绿化地域周边居住人群的健身需求，打造一些健身广场、步道，保证市民既可欣赏园林绿化环境，又能有场所健身。

三是文艺爱好者的需要。人民生活水平和文化素质不断提高，生

市民休闲场地

摄影天地

绘画天地

态环境不断改善，越来越多的人想用相机或画笔记录下美好的生活瞬间，一些爱好文学的人也会触景生情、诗兴大发赞美这美丽的绿水青山。我就曾经在奥林匹克森林公园拍摄一片银杏，当时正值金秋的美景令我诗兴大发，即兴赋诗一首：

鸭脚叶落满地黄，金币羽衣舞霓裳。

奥林匹克森林公园银杏林

公孙树树穿金甲，金秋处处胜春光。

银杏树，因叶形状似鸭脚，故称鸭脚木；又因其有根蘖萌生特性，故又称公孙树；银杏每到金秋，树叶一片金黄，微风拂过，沙沙作响，仿佛树树穿上了金甲，在舞动美丽的衣裳。

这首诗，我把银杏树的生物学特性及金秋呈现的美景描写出来，

文化活动场地

给人以美的享受。我想还会有更多的文人墨客用更加生动的笔触赞美大自然。只要我们园林工作者用心去打造，我相信会有更多的园林绿化地域成为网红打卡地。

野生动物家园

四是举办大型活动如文艺活动、体育活动、展览展示活动等的需要。在园林绿化中，适当地留出一些空白作为举办各种活动的广场是十分必要的。这样可以为举办各种活动留场地，也可以在遇到自然灾害时，作为临时的避难场所。这一点看似与园林绿化无关，但在现实中又是十分重要且必须统筹考虑的。

3. 农民的需求

园林绿化主管部门在造林绿化时，要充分考虑农民的诉求，根据当地的民风民情因地制宜，把农民的家乡建设得“如诗似画”，打造美丽乡村。

4. 野生动物的需求

通过造林绿化建设，为野生动物提供更多更好的栖息地，为候鸟提供更多迁移的落脚点，让更多的动植物与人类和谐共生，共同维护生态平衡。

5. 后人的需求

“前人栽树后人乘凉”，前人为我们树立了良好的榜样。如果没有前人辛勤的劳动和保护，我们今天也看不到古都北京保存的四万多棵古树；也不会听到 20 世纪 70 年代美国前国务卿基辛格博士参观天坛时看到众多古树后发出的感慨；更学习不到前人留给我们的古典园林的丰富文化知识。正是有前人给我们树立了建设生态环境和保护树木的良好榜样，我们才有今天优美的生存环境。我们有必要通过园林绿化，建设一批“树木与文化”息息相关的文化园，为后代子孙留下一片片绿荫，让造林绿化的优良传统一代代传承下去。

6. 园林绿化行业自身的需求

园林绿化主管部门最大的需求就是通过园林绿化诸多工程的建设，满足社会各界的需求。根据时代发展的脚步和社会各界各阶段不同的需求，不断调整发展思路，提高园林绿化建设水平，同时使园林绿化队伍得到锻炼和壮大。

（二）“生态产品”如何打造

毛泽东“绿化祖国，实行大地园林化”的号召告诉我们，绿化的最终目的是实现大地园林化。

习近平总书记“绿水青山就是金山银山”的生态文明思想告诉我们，绿化的意义是为我们及后代造金山银山，是把现有的“绿水青山”变成“金山银山”。习近平总书记在十九大报告中讲道：“我们要建设的现代化是人与自然和谐共生的现代化，既要创造更多物质财富和精神财富以满足人民日益增长的美好生活需要，也要提供更多优质生态产品以满足人民日益增长的优美生态环境需要”。充分了解社会各界对“生态产品”的需求，是打造优质“生态产品”的重要前提。只要有的放矢地进行建设，就能打造出高品质的“生态产品”。

1. 转变观念，跳出林业谈林业看林业发展林业

在具体建设中，我们不能单一地就绿化而绿化，不能单纯地以生态功能为中心，而要体现造林绿化多功能多用途的特性。结合社会各界的需求，在造林绿化时，做到以下五个结合。

一是造林与造景相结合：结合当地的山水自然条件，打造让人流

城市公园

连忘返的特色景观，使景观成为广大市民观光游玩的网红打卡地。此景可谓是：

山作画框水为布，
蓝天绿树映画中。
风作画笔雨为墨，
画尽苍穹万里空。

二是造林与造园相结合：结合当地的自然地理条件，打造森林公园、湿地公园、观光采摘园、休闲体验园、科普教育公园等，满足人民群众多样化的休闲旅游需求。如 2012 年开始北京市开展的百万亩平原造林绿化工程，延庆在妫河两岸打造出了森林公园，可谓是：

塞外妫河万顷川，
水天一色绿无边。

郊野公园

多彩公园

黄花绿树与人近，

出游何须下江南。

三是绿化与美化相结合：结合广大市民对美好景观的追求，造出众多供人们在不同季节观花观叶观皮观果的植物观赏景观，供大家欣赏美丽的四季景色。

四是绿化与文化相结合：结合保护生态环境宣传的需要，造出能说出“不同讲究”的绿化景观，即打造有不同历史文化故事的树种搭配与布局，让市民在游玩的同时，对其进行与树木相关的文化科普教育。

五是绿化与民生相结合：结合社会各界人士的多样化需求，打造能满足市民健身、观光采摘、旅游休闲、摄影绘画、教育科普、绿岗就业等各方面需求的绿化景观，让市民真正地享受优质的“生态产品”为其带来的民生福祉。

2. 以人为本，科学规划

在统筹制定一个地区造林绿化的规划时，要以满足社会各界需求为中心，以沟路河渠为骨架，点、线、面相结合，实现布局合理、功能完善、特色突出、惠及民生、具有一定文化内涵的园林绿化新格局。

一是在“线”的建设中，即沟河路渠，主要以高大乔木为主，切忌一概仿照城市绿化进行规划设计。因为“战线长”“车速快”，先让人们从大体量上看到绿化效果，打造清新自然的绿化景观。

林荫大道

二是在“面”的建设中，即平原大片土地，要以人为本、突出特色、赋予其一定的文化内涵。要根据人们健身、休闲等多方面的需求，建设一些健康绿道、休闲广场等；根据城市安全避险和举办大型活动的需要，设计建造一些湖面或较为大型的广场；根据特色景观的需要，设计花期不同、花色和叶色不同的树种，按照“一乡一品、一区多品”的原则，打造具有不同观赏特色的大面积景观林；根据艺术家的需要，按照“师法自然”的原则，做一些园林小品，为摄影爱好者提供一片摄影天地，为画家提供写生场所；根据文学家和后人的需要，结合当地的历史文化和民俗文化，建设主题为“树木与名人”“树木与历史典故”“树木与唐诗宋词”等的文化园，同时也为喜好诗词歌赋的人群提供举办诗会、以文会友的场所；根据大型活动的需要，储备一批大型苗木，以备不时之需；根据农民绿岗就业的需要，在建设过程中，适当地留出具有一定面积的服务设施用地，为将来林木管护、旅游服务设施建设等提前做出打算。

绿化美化相结合

三是在“点”的建设中，要根据地理环境特点并结合当地民俗、文化传统、自然条件等，精心打造特色突出、林水相依、山林环绕的特色景观，使之成为可以留给后世的令人流连忘返的园林文化景点。

（三）科学种好“四棵树”

在造林绿化时，只要种好以下“四棵树”，基本就能满足生态建设和社会各界的需要：种好一棵“生态树”：如杨树、柳树、银杏、国槐、油松、侧柏等，以确保一个地区良好的生态环境；种好一棵“摇钱树”：如以果品采摘销售为主的果树树种，以实现农民绿岗就业、脱贫致富；种好一棵“观赏树”：如观花、观叶等的树种，用以旅游开发，让更多的社会人热爱林业、保护林业、支持林业；种好一棵“文化树”：如树木本身所蕴含的文化内涵以及栽培文化知识等，作为一种

“摇钱树”

生态树

观赏树

文化传承，着力宣传、科普，让我们的后人把前人重视和保护生态环境的优良传统一代一代传承下去。

这里的“四棵树”是“抽象型”的树木，在造林绿化时具体到种什么树、采取怎样的绿化布局，到时再依各地的实际情况而定。

（四）做好一切前期准备工作，不打无准备之仗

在绿化之前，首先要落实绿化的土地把相关部门协调好，并做好群众的宣传工作；其次是把造林绿化的规划、政策标准、技术规程、管理办法等制定好，没有“规则”就无法衡量工作标准；第三是把苗木准备好，这就好比行军打仗，“兵马未动粮草先行”，考虑到造林绿化受季节限制的特殊性，如果没有充足的苗木准备，届时就会措手不及，一方面造林进度无法保证，另一方面苗木质量也很难把关；第四是把施工组织管理好，科学分工、密切合作、严格管理是确保工作效率和质量的前提；第五是把绿化成果保护好，一定要重视绿化成果的保护，不能因建设完成后疏于监督检查而毁于一旦，只有下大力气加

文化树

强后期的监督管理，增强群众的“爱绿、增绿、护绿”的生态保护意识，才能留下更多的树木造福于民。

在实际操作过程中，虽然很难确保各个环节都准备就绪再施工（因为造林绿化工程存在明显的季节性特点），但我们要想把造林绿化工作做得完美，即使再急，也应尽量把相关工作提前准备好，以避免因“原料短缺”而耽误生产或“偷工减料”生产出“豆腐渣”类的不合格产品工程。只有这样，我们才能造出优质的生态产品，才能够真正实现“大地园林化”。

后　记

编写一本关于北京地区古树名木文化著作的想法，始于20世纪90年代初期。1995年，在我主持编写的《北京郊区古树名木志》正式出版之后，我又撰写了《京都古树耀京华》电视宣传片解说词，在请当时担任林业部主办的《中国绿色时报》四版主任李青松同志润笔时，他就建议我把有关古树名木的文化传说整理一下出本专辑，但由于当时工作忙，加之写作水平有限，此事也就搁置了。

在参加工作38年的过程中，我虽然经历了十余个岗位，但对古树名木保护的宣传工作却从来没有停止过。2000年和2002年，我曾经两次作为特邀嘉宾被邀请到中央电视台科教频道和文艺频道宣传古树名木保护的意义。2010年，在我担任北京市林业工作总站站长时，为了宣传首都古树名木文化，我组织拍摄了《趣说京城古树》专题片，并投放到京城公交车、各大写字楼等公共场所循环播放一个月之久。2012年党的十八大召开之后，生态环境建设和保护工作被提高到空前的高度，凭着自己从事十余年古树名木保护管理工作的热情，我将多年来搜集的古树名木文化材料进行了系统整理，编辑撰写了《树木与文化》，先后在全国绿化委员会主办的《国土绿化》、北京市园林绿化局主办的《绿化与生活》杂志上发表，受到了社会各界人士的广泛关注。目前在百度上搜索《树木与文化》，第一条显示的就是我过去发表的文章。之后，我又将此内容制作了课件。意想不到的是，这个课件在国家林草局林业干部管理学院举办的全国基层林业干部培训班上一经讲解，便受到了热烈欢迎。自此，每当林业干部管理学院举办培训班时，我必被邀请授课，同时，我也被该学院评为最受欢迎的讲师之一。

而真正让我下决心编写出版此书的原因有四个：一是广泛宣传古树文化的需要。在编写过程中，发现有些古树文化内容无法全部编入教材，我认为有必要把多年来自己搜集整理的古树文化内容编辑成册奉献给社会，让更多的人了解古树的文化和保护价值；二是科学保护古树名木的需要。我发现目前有些古树名木保护管理单位在保护管理措施方面，存在简单粗暴或过度保护问题，从而造成对古树名木及其相应的文物古迹景观破坏。凭借自己多年保护管理古树名木的经验，认为有必要提出自己的观点，防止有些错误做法继续发生；三是科学制定古树保护规范的需要。在自己从事古树名木保护管理的工作中，曾亲自制定过《古树名木损失鉴定标准》和《古树名木养护技术规范》，后经过几次修改完善，现已列为北京市《古树名木评价规范》和《古树名木日常养护管理规范》。考虑到各省市也要结合本地实际制定颁布相关的标准，我认为有必要把自己当年制定过程中的一些想法向大家做一个说明，以为未来各省市主管部门在制定相关标准时作参考。四是，朋友的强烈建议。在与自然资源部《今日国土》杂志社编辑张琨老师相识后，我把自己的《树木与文化》文章推送给她，她阅读后认为，文章内容具有很强的可读性，具有较高的出版价值，并强烈建议我汇编成书。之后，我对树木相关文化进行了认真整理，并扩充了相关内容。

在此，要特别感谢李青松老师和自然资源部《今日国土》杂志社编辑张琨老师，没有他们的鼓励，可能我又停步不前；同时还要感谢出版社编辑同志，他们有科学严谨、精益求精的工作态度，我要多向他们学习。

在近30年的搜集整理过程中，我翻阅了《北京史苑》《帝京景物略》等历史书籍，还参考了2003年国家林业和草原局组织编写由中国林业出版社出版的《中国树木奇观》，以及2009年北京市园林绿化局组织，由莫容、胡洪涛夫妇编写的《北京古树名木散记》，在我编写的《北京郊区古树名木志》的基础上，此书汇编成册。

由于时间仓促及作者水平有限，书中难免疏漏，不妥之处，还望各界学者批评指正。

施海

2023年2月写于北京